L'automobile, variations sur un thème

Voiture autonome, intelligence artificielle, rapport à autrui

Collection *Des Hauts et Débats*,
dirigée par Pascal LARDELLIER,
Professeur à l'Université de Bourgogne
Contact : pascal.lardellier@u-bourgogne.fr

Titres parus (sélection) ou à paraître :

Serge Chaumier, *L'inculture pour tous. La nouvelle Utopie des politiques culturelles* (2010)

Arnaud Sabatier, *Critique de la rationalité administrative. Pour une pensée de l'accueil* (2011)

Claude Javeau, *Trois éloges à contre-courant* (2011)

Christophe Dargère, *Inconcevable critique du travail* (2012)

Elise Müller, *Une anthropologie du tatouage contemporain. Parcours de porteurs d'encre* (2013)

Alexandre Eyriès, *La communication politique, ou le mentir-vrai* (2013)

Richard Delaye, Pascal Lardellier (co-dir), *L'Engagement, de la société aux organisations* (2013)

Stéphane Héas, Christophe Dargère (co-dir), *Les porteurs de stigmates. Entre expériences intimes, contraintes institutionnelles et expressions collectives*, (2014)

Odile Riondet, *Enquête sur la Communication comme science* (2015)

Pascal Lardellier (dir.), *Erving Goffman, de l'interaction à l'institution* (2015)

Loïc Drouallière, *Orthographe en chute, orthographe en chiffres. Deux expériences édifiantes* (2015)

Alexandre Eyriès, *Lectures critiques en communication* (2015)

Kathleen Tamisier, *Les surdoués passent-ils le bac ? Une enquête sociologique dans l'univers des enfants précoces* (2016).

Alexander Frame, Gilles Brachotte et alii, *L'université à l'heure des réseaux sociaux : logiques, relations, communautés* (2017)

Laurence Lagarde-Piron, *Corps à corps infirmiers* (2018)

Alain Javeau, *L'homme, revu et corrigé* (2018)

Kathleen Tamisier, *La famille en révolution* (2019)

Éric Enrègle

L'automobile, variations sur un thème

Voiture autonome, intelligence artificielle, rapport à autrui

L'Harmattan

5-7, rue de l'Ecole-Polytechnique, 75005 Paris
http://www.editions-harmattan.fr
ISBN : 978-2-343-17307-8
EAN : 9782343173078

PRÉSENTATION

S'il est une aspiration fondamentale qui anime l'homme contemporain, ne serait-ce pas celle d'indépendance ? Indépendance à l'égard d'autrui, aussi bien qu'à l'égard des choses (c'est l'abondance matérielle). Et dans un monde largement économique, précisément construit pour cheminer vers l'abondance matérielle, un monde où par conséquent les individus sont plus que jamais attachés les uns aux autres, interdépendants, ce que cet homme cherche à obtenir, ce n'est pas seulement l'indépendance, mais l'indépendance *en société*, qui, eu égard au rapport à autrui, ne serait pas mal nommée *solitude en société*. Cette quête semble conduire, sur le plan métaphysique, à une forme d'achèvement de la révolution copernicienne : l'homme ne cherche pas à se mettre en harmonie avec le monde, mais à faire que le monde se règle sur ses désirs. Il s'agit d'être au centre d'un monde qui tourne autour de soi.

C'est notamment dans cette perspective que les technologies contemporaines, parmi lesquelles l'intelligence artificielle ou encore les technologies de conduite autonome, semblent être mises au point. C'est, de manière tout à fait fondamentale, cette aspiration à l'indépendance qu'elles cherchent, entre autres, à contenter. Qu'il s'agisse de la contenter réellement ou, quand le réel résiste, de plonger dans l'illusion qu'il ne résiste guère, dans l'illusion d'indépendance, en prenant appui sur les technologies en question. Voici que se dessine un bouleversement du rapport de l'homme au monde, au temps, à l'espace, aux autres, à soi, à ses propres facultés, à son propre corps : dépassement des limites, efficience décuplée, immédiateté, ubiquité, toute-puissance, éternité. Nous en étudierons les conséquences sur le plan de la conception automobile.

C'est encore cette quête d'indépendance *en société* qui, du point de vue du rapport à autrui au sein d'une collectivité quelle qu'elle soit, conduit à l'émergence de solutions multiples, approchant plus ou moins parfaitement l'idéal recherché : sécurisation des relations interindividuelles par l'intervention d'un arbitre, quitte à ce que cela soit au prix de la liberté ; préservation de la liberté par l'intervention d'un régulateur établissant un système équilibré d'interdépendance ; indépendance plus radicale par fusion ou par harmonisation des désirs individuels. Autant de manières de concevoir le rapport à autrui, qui impactent directement la conception des objets automobiles et des services de mobilité.

Mais parallèlement à ce désir d'indépendance, ou pour ainsi dire sous-jacent à lui, comme une dimension anthropologique enfouie mais fondamentale, présente à la manière d'une basse continue, demeure une quête de participation chez un homme qui alors ne se pense pas comme *un tout parfait et solitaire*, selon l'expression rousseauiste, mais comme partie. Il nous reviendra, là encore, d'en tirer les conséquences sur le plan de la conception automobile.

*

*   *

Chapitre I - Les lois cachées du véhicule autonome : un idéal d'absence de médiation

Comment rendre compte de l'attrait *a priori* pour le véhicule autonome ? C'est de cette question que nous proposons de partir, souhaitant nous attacher, dans ce premier temps de réflexion (qui nous apparaîtra bientôt comme une première marche menant à un objet de réflexion plus vaste), à comprendre ce qui fonde cet attrait, c'est-à-dire à comprendre les raisons qui, au-delà d'éléments simplement contingents, suscitent le désir d'un tel véhicule.

A cet égard, il apparaît que, parmi les logiques qui traversent la modernité, et en particulier l'époque contemporaine, l'une d'entre elles, déterminante, peut être appelée *philosophie de l'absence de médiation* ou *philosophie de l'immédiateté*. Pour tenter d'apporter une réponse à notre question, nous ferons donc un détour par la philosophie. Premièrement, il s'agira de définir ce qu'on peut appeler la *philosophie de la médiation*. Deuxièmement, nous définirons, par contraste, la philosophie de l'immédiateté. A cette occasion, nous nous attacherons à définir l'idée centrale d'indépendance, indépendance à laquelle aspire tout individu dès lors qu'il ne se pense plus comme partie, mais se considère comme un tout ; et nous chercherons à montrer comment cet individu, vivant pourtant avec ses semblables, n'a de cesse de vouloir fonder ce que l'on pourrait appeler la *solitude en société* ; toutes choses qui constituent le cœur de la philosophie de l'immédiateté.

L'intérêt de cette approche théorique est double. Sur la base de cet individu littéralement intolérant à la médiation et à la dépendance, nous tenterons en effet de montrer deux choses. D'abord que les technologies contemporaines, parmi lesquelles le véhicule autonome, constituent des outils puissants permettant de nourrir l'illusion d'indépendance. Ensuite, que le véhicule autonome soulève un problème clé : celui de l'inversion des rôles dans les cas où le véhicule n'est plus en mesure d'assurer la conduite et demande à l'homme de reprendre en main cette conduite. Ce moment de la reprise en main nécessaire constitue ce que l'on pourrait appeler un *espace médiateur* qu'il revient aux concepteurs automobiles de traiter avec beaucoup d'attention, sous peine de détruire l'illusion d'indépendance.

A- Cadre théorique : la philosophie de l'immédiateté

Pour comprendre ce qu'est une philosophie de l'immédiateté, qui apparaît comme l'un des visages de la philosophie moderne, il est nécessaire de saisir la nature de ce que l'on pourrait appeler une philosophie de la médiation. La philosophie de l'immédiateté se pose en effet largement en réaction à la philosophie de la médiation.

I- Philosophie de la médiation

I-1- « Connais-toi toi-même » : la conscience de soi comme être participatif, au cœur de la philosophie de la médiation

La philosophie de la médiation est une philosophie typiquement classique, ce qui revient à dire qu'elle correspond notamment et dans une large mesure à la philosophie grecque.

Il convient de commencer par rappeler que, d'un point de vue classique, l'homme est doté d'une nature, d'une essence : il s'agit de ce que l'homme se sent être intimement, de ce qu'il se sent profondément appelé à être. Pour accomplir cette nature, l'homme doit dans un premier temps en avoir conscience, pour dans un second temps agir en conformité avec elle.

Prendre conscience de sa propre nature, c'est tout autant, pour l'homme, prendre conscience de ce qu'il a une essence à réaliser, un devoir-être à accomplir, une finalité à atteindre, finalité qui l'appelle, qui l'inspire. Prendre conscience de sa propre nature, c'est se penser, s'interroger sur soi, devenir extérieur à soi, se placer en observateur de soi-même, et donc devenir soi-même jeté devant soi, soi-même objet de la réflexion. L'homme est alors en mesure de se penser, c'est-à-dire de mettre en relation sa propre essence avec les essences qui permettent précisément de la définir. Par exemple, s'il est père, l'homme se dira qu'il se doit d'éduquer ses enfants.

Ainsi, se penser, c'est se relier au réel, au *cosmos*, c'est-à-dire à la totalité harmonieuse. Se penser, c'est se penser comme partie, comme élément appelé à participer à l'harmonie universelle ; c'est par conséquent découvrir sa place, son rôle, sa fonction naturelle, son « lieu naturel » aurait dit Aristote, au sein du *cosmos*. Se penser, c'est se penser comme harmonieusement complémentaire de tout ce qui n'est pas soi, c'est donc se mettre au service de tous les êtres temporels pour ce qu'ils ont d'essentiel.

Tel est le sens du « connais-toi toi-même » socratique.

I-2- L'homme comme puissance de perfection

Cela dit, spontanément, l'homme ne se connaît pas lui-même et ne vit pas une vie en conformité avec sa nature, une vie de participation à l'harmonie universelle, au *cosmos*. En quelque manière, on peut dire que, d'un point de vue classique, l'homme est un être qui se gouverne lui-même sans se gouverner lui-même, c'est-à-dire un être capable de se gouverner lui-même mais qui ne le fait pas spontanément. Il n'est pas immédiatement en acte ce qu'il est par nature et qu'il n'est qu'en puissance : il rompt l'harmonie à laquelle il doit participer. Cet homme est, non pas perfection, mais puissance de perfection, c'est-à-dire puissance d'action en conformité avec la nature.

Pour conclure sur ce point, si l'on devait expliciter un peu cette puissance de perfection, à tout le moins pourrait-on dire que d'une part, l'homme ne se connaît lui-même que potentiellement ; et que d'autre part, se connaissant lui-même, il n'est que potentiellement fidèle à sa nature, n'agit que potentiellement en conformité avec cette nature. En quoi l'homme ne se gouverne lui-même que potentiellement.

I-3- La médiation, fondement de l'acte en conformité avec la nature

A partir de cette définition du sujet comme puissance de perfection, il est possible de penser l'éducation au sens d'une éducation à l'acte en conformité avec la nature. Classiquement, l'instance éducatrice est ce qui aide l'homme à faire passer à l'acte ce qu'il est en puissance, à être en adéquation avec sa nature authentique. Toutes choses qui à la fois vont à l'encontre de l'homme dans son être immédiat (en quoi l'éducation n'est pas, pourrait-on dire, démagogique), tout en abondant dans son sens quant à son être réel, son être en puissance, sa nature (en quoi l'éducation n'est pas tyrannique, n'est pas un dressage : nulle inculcation d'éléments artificiels par rapport à la nature de l'homme). A ce titre, l'éducation constitue le type même de la médiation.

*

*   *

Au terme de cette réflexion relative à la philosophie de la médiation, il apparaît que le concept de médiation est au cœur de la philosophie classique. Sans médiation, l'homme ne sort pas de la caverne, selon les termes du mythe platonicien. Sans médiation, l'homme ne peut s'arracher à son immédiateté. D'un point de vue classique, sans médiation, l'homme n'a même tout simplement pas conscience d'avoir à s'arracher à son immédiateté : il est immédiatement tout ce qu'il doit être.

Voyons de plus près ce que signifie cette *immédiate perfection*. Cela nous permet d'entrer dans le deuxième temps de notre démonstration : l'analyse de la philosophie de l'immédiateté et de l'idée d'indépendance qui se trouve en être le cœur.

II- Philosophie de l'immédiateté et désir corrélatif d'indépendance

L'un des visages de la modernité apparaît diamétralement opposé à la philosophie de la médiation telle que nous venons de la décrire, et constitue à proprement parler une philosophie de l'immédiateté.

Cette philosophie de l'immédiateté s'appuie sur une définition de l'homme comme individu qui se sent être immédiatement tout ce qu'il doit être. Cet homme est réduit à une dimension : celle du désir, de l'appétit. Ce qui revient à dire qu'aux yeux de cet homme, il n'existe pas à proprement parler de bonne (ni par conséquent de mauvaise) orientation de son désir. Spinoza est tout à fait symptomatique à cet égard : « Nous ne nous efforçons à rien, ne voulons, n'appétons ni ne désirons aucune chose, parce que nous la jugeons bonne, écrit-il ; mais au contraire, nous jugeons qu'une chose est bonne parce que nous nous efforçons vers elle, la voulons, appétons et désirons ».[1]

Si être appelé à vivre en conformité avec sa nature, c'est vivre une vie de participation à l'harmonie universelle, à l'inverse, définir l'homme comme un être immédiatement parfait, immédiatement en adéquation avec lui-même, c'est en faire un individu qui ne se pense pas comme un être participatif : cet homme est détaché de tout. L'homme de la philosophie de l'immédiateté, c'est par exemple celui de Jean-Jacques Rousseau, ce « tout parfait et solitaire »[2] : cet homme est métaphysiquement autarcique, autosuffisant ; il n'a pas à se relier à ce qui n'est pas lui et notamment à ses semblables, il n'a pas à participer, pour être parfait ; il est un tout, c'est-à-dire que sa perfection est effective dans la solitude, nullement dans la participation (contrairement, encore une fois, à l'homme qui a une nature à accomplir et qui par définition est partie, en tant que telle parfaite au moment où elle joue son rôle de partie, où elle participe).

---

[1] Spinoza B. (1677), *Ethique*, Paris, Garnier-Flammarion, 1965, III, scolie de la proposition IX, p.145.

[2] Rousseau J.-J. (1762), *Du Contrat social*, Paris, Gallimard, 1964, Livre II, chapitre 7, p.203.

La rareté aidant (si l'on se place par exemple dans un univers rousseauiste) ou le désir individuel constituant un moteur très puissant et par nature sans borne (si l'on se situe par exemple dans un univers hobbesien ou spinoziste), il apparaît que dans la philosophie de l'immédiateté, l'homme, cet être tout entier désir, rencontre sur le chemin de sa satisfaction d'autres individus, d'autres désirs, par quoi ces atomes ne peuvent manquer de s'entrechoquer en un mouvement brownien. En quoi l'état qui précède l'avènement de la société civile est un état de guerre de tous contre tous. La question pendante étant alors : comment, dans cette perspective, l'individu conçoit-il la coexistence avec autrui ?

Strictement, cet individu ne se sentira pas libre tant qu'il rencontrera autrui comme un obstacle sur le chemin de sa propre satisfaction, tant qu'il se sentira dans la dépendance d'autrui. Le problème est donc pour cet homme, de retrouver, en société, l'indépendance. Que cela signifie-t-il ? Ni plus ni moins qu'il doit se sentir maître du jeu, organisateur de la coopération, auteur des lois qui organisent la cité, législateur, en un mot pleinement souverain en société : l'homme doit en quelque sorte mettre la société tout entière à son service. Et tous les individus aspirant à cela, la philosophie de l'immédiateté nous place exactement face à la problématique du *Contrat social* : il s'agit de « trouver une forme d'association (...) par laquelle chacun s'unissant à tous, n'obéisse pourtant qu'à lui-même et reste aussi libre qu'auparavant »[3], c'est-à-dire aussi libre que s'il vivait seul. En un mot, il s'agit de fonder la *solitude en société*.

Comment atteindre cet objectif, comment fonder la solitude en société, comment être indépendant en société ? Nous abordons ici le troisième temps de notre démonstration : sur la base de cet individu intolérant à la médiation et à la dépendance, nous allons voir comment les technologies contemporaines jouent un rôle essentiel dans ce domaine, ou plus précisément

---

[3] *Ibid.*, Livre I, chapitre 6, p.182.

examiner comment elles constituent des outils puissants permettant de nourrir l'illusion d'indépendance.[4]

B- Les technologies contemporaines au service du sentiment d'indépendance

I- La solution contemporaine à la question de l'indépendance : une solution scientifique

Cette solution est fondée sur l'idée que la science donne la clé de l'indépendance. Plus précisément, elle est fondée sur les nouvelles technologies.

Au fond, l'idée est la suivante : grâce aux réseaux immatériels (typiquement internet) et aux interfaces qui y donnent accès (typiquement les écrans tactiles), l'homme contemporain a en main des outils qui contribuent à lui donner le sentiment qu'il peut agir directement sur un monde qui lui est soumis, au sein duquel il se sent donc indépendant. Grâce aux nouvelles technologies, l'individu a en main de nouveaux outils qui lui permettent de s'imaginer qu'il est au centre d'un monde qu'il met à son service : le monde est accessible du bout des doigts ; le monde, c'est-à-dire les choses et les gens sont au service de l'individu d'un simple geste de la main. En un mot, les nouvelles technologies donnent à l'homme contemporain l'illusion de l'indépendance. Le slogan publicitaire de l'opérateur téléphonique SFR est symptomatique à cet égard : *SFR et le monde est à vous*.

L'immersion dans un monde virtuel grâce aux nouvelles technologies et l'illusion d'indépendance qui en découle constituent la version contemporaine de la solitude en société : une solution qui n'est pas politique, mais qui se fonde sur les nouvelles technologies et un effort mental pour renouveler la

---

[4] Nous n'abordons pas ici la solution radicale au problème posé, solution politique qui est celle de Jean-Jacques Rousseau lui-même, telle qu'une certaine lecture du *Contrat social* permet de la comprendre.

vision de son rapport au monde sur la base de ces nouvelles technologies.

II- La « médiation invisible » voire l'immédiation au cœur de l'indépendance

La solution contemporaine suppose donc que l'objet intermédiaire entre l'homme et le monde contribue à donner à l'homme l'impression que, par un coup de baguette magique, le désir individuel peut être assouvi : autant que faire se peut, ces objets intermédiaires doivent accompagner le désir individuel, faciliter la satisfaction de ce désir. Ce qui par conséquent compte fondamentalement dans la mise au point des interfaces homme-machine, c'est l'évidence, le naturel, la fluidité, la simplicité : l'objet intermédiaire doit pouvoir se faire oublier, devenir transparent. A la limite même, l'homme doit avoir le sentiment qu'il n'y a pas d'objet : au doigt et à l'œil, les choses et les gens s'ordonnent selon le désir de l'individu, directement, immédiatement, c'est-à-dire sans la médiation d'un objet.[5]

La réflexion relative aux technologies symbiotiques s'inscrit dans cette logique. Pourquoi symbiose ? « On peut comprendre l'emploi de ce terme, écrit Eric Brangier, car l'homme d'aujourd'hui entretient une relation durable et profitable avec les technologies de l'information et de la communication. En effet, (...) l'homme bénéficie chaque jour de ces dispositifs techniques pour l'accompagner ou totalement le suppléer dans ses activités ».[6] L'emploi de ce terme pour qualifier le lien qui se

---

[5] Cette aspiration est d'autant plus forte que la médiation de l'objet est synonyme de dépendance à l'égard d'autrui qui conçoit, fabrique et vend les objets (et services) en question. Cf. Robinson Crusoé : l'homme a besoin de l'homme pour des raisons matérielles ; Robinson serait mort s'il n'avait pas eu ses semblables, c'est-à-dire s'il n'avait pas trouvé d'outils dans l'épave.

[6] Branger E., Hammes S. (2006). *Elaboration et validation d'un questionnaire de mesure de l'acceptation des technologies de l'information et de la communication basé sur le modèle de la symbiose humain-technologie-organisation*, Université Paul Verlaine – Metz.

développe entre l'homme et la technologie revient à Licklider.[7] Ces technologies symbiotiques sont des technologies qui, comme le souligne Sonia Hammes-Adelé, constituent, pour l'homme, « de réels prolongements de ses capacités, et qui répondent exactement à ses besoins » : elles permettraient « à l'humain de dépasser ses limites, grâce à l'effet d'interaction né de la symbiose ». L'« amplification de l'intelligence », l'« augmentation perceptive », l'« accélération opératoire », entre autres, font en effet partie des « caractéristiques qui devraient être portées par la technologie pour permettre un développement de la symbiose ».[8]

En résumé, la philosophie de l'immédiateté, qui est l'un des visages de la modernité, porte en son cœur un homme par nature non participatif, un homme aspirant donc fondamentalement à l'indépendance en société : l'aspiration à l'indépendance constitue l'une des aspirations fondamentales de l'époque moderne. La solution contemporaine visant à répondre à cette aspiration est d'ordre scientifique : il s'agit de donner à l'homme des outils technologiques lui permettant d'entretenir l'illusion qu'il met le monde à son service.

Voyons comment cette aspiration à l'indépendance structure le rapport au véhicule autonome et fait émerger un problème clé pour les concepteurs automobiles.

C- Philosophie de l'immédiateté et automobile : la voiture autonome

Nous touchons au but : c'est le dernier temps de notre analyse, relatif à l'attrait fondamental pour le véhicule autonome et au problème clé du renversement des rôles dans l'espace médiateur

[7] Licklider J.C.R. (1960). *Man-Computer Symbiosis*, IRE Transactions on Human Factors in Electronics.

[8] Hammes-Adelé S. (2011). *Traduction temporelle de la relation humain-technologie-organisation, Validation et perspectives autour de la symbiose*, Université Paul Verlaine – Metz.

où le véhicule demande à l'individu de reprendre en main la conduite.

Il convient d'abord de souligner que la philosophie de l'immédiateté contient dans ses gènes le principe du véhicule autonome. Il ne s'agit pas de dire que le véhicule autonome ne puisse pas se développer en référence à d'autres causes : les clients pourraient tout simplement avoir besoin d'un véhicule autonome, même s'ils n'en ont pas fondamentalement envie. Mais il s'agit de dire que la philosophie de l'immédiateté contient un principe selon lequel l'homme, envisagé sous le rôle thématique particulier du « client », ne peut pas ne pas être attiré *fondamentalement* par le véhicule autonome. Ainsi le client ne va pas par accident mais bien par principe vers le véhicule autonome.

I- La voiture autonome pour vivre l'illusion de l'indépendance

I-1- L'idéal : le véhicule totalement autonome pour vivre pleinement l'illusion de l'indépendance

Le véhicule totalement autonome est un véhicule auquel le client aspire fondamentalement parce qu'il est au croisement de deux choses.

D'une part, le véhicule autonome répond au souci d'indépendance dans l'absolu (c'est-à-dire indépendamment d'éléments de contexte) : la voiture autonome est une voiture qui obéit au doigt et à l'œil. Si le conducteur a envie de conduire, il prend la main sur le véhicule. A l'inverse, il peut donner la main à la voiture dès qu'il le souhaite et la voiture se met à se conduire toute seule.

D'autre part, le véhicule autonome répond au souci d'indépendance dans un contexte automobile qui est jugé globalement dégradé, qu'il s'agisse des contraintes législatives, de la congestion urbaine ou encore des incivilités.[9] En donnant la main au véhicule autonome, le conducteur met ces contraintes à distance et entretient ainsi le sentiment de son indépendance. En particulier, la contrainte d'autrui, qui gêne la conduite en embouteillages du simple fait de sa présence, s'amenuise avec le passage en conduite autonome : *à la limite*, avec l'activation du mode « conduite autonome », tout se passe comme si la situation d'embouteillage disparaissait, comme si autrui, en tant qu'obstacle, disparaissait, comme si l'automobile elle-même – devenue salon, bureau, salle de projection – disparaissait. Là encore, l'illusion d'indépendance est entretenue.

En somme, bien plus que la simple voiture, la voiture autonome apparaît comme un puissant outil au service du sentiment d'indépendance.

I-2- La réalité : le véhicule partiellement autonome pour éprouver, par intermittence, son indépendance

A la différence du véhicule totalement autonome, par définition capable de prendre en charge tout type de déplacement, le véhicule partiellement autonome est un véhicule proposant deux modes de fonctionnement (mode conduite manuelle et mode conduite autonome ou déléguée), dans la mesure où le passage en mode autonome n'est possible que dans certaines circonstances (liées au type de route, notamment).

Deux conséquences à cela. Premièrement, il est évident que le conducteur ne peut pas déléguer la conduite quand il le souhaite, ce qui diminue son sentiment d'indépendance : la délégation n'est possible que dans certaines circonstances et seulement alors, elle est proposée au conducteur. Deuxièmement, et c'est un point crucial, si le conducteur n'a pas déjà repris la main sur le véhicule, en sortie de zone de délégation voire de

---

[9] Soulignons d'ailleurs que, dans la perspective de l'indépendance, les incivilités semblent logiques. Prenons l'exemple d'un conducteur qui veut éprouver son indépendance en ne mettant jamais son clignotant pour prévenir d'un changement de direction : ce conducteur part du principe que le monde tourne autour de lui.

manière imprévue en cas d'événement inattendu, le véhicule demande au conducteur de reprendre la main dans un laps de temps défini.

II- Le moment décisif du rappel à la conduite et l'espace médiateur où s'opère un renversement des rôles

Entre le moment où le véhicule rappelle le conducteur à la nécessité de reprendre la main et la reprise en main effective du véhicule, nous avons affaire à une courte période intermédiaire qui entraîne un changement profond pour le conducteur qui passe de sa prise en charge par le véhicule à la maîtrise assumée du véhicule, de la délégation à la prise de contrôle. Il s'agit là d'une transformation modale radicale : le sujet était modalisé par le libre vouloir, et voici qu'il l'est désormais par un devoir contraignant ; de sujet insouciant, adossé à la responsabilité d'un autre (le constructeur, par exemple), il devient sujet pleinement responsable d'autrui comme de lui-même.

En quoi cette période transitoire est-elle problématique du point de vue de l'utilisateur ?

Evoquons d'abord un aspect cognitif. La reprise en main est anxiogène pour l'individu parce que ce dernier a peur de ne pas être à la hauteur pour conduire immédiatement en toute sécurité, c'est-à-dire de ne pas avoir pleinement conscience du contexte de conduite dans lequel il doit se réinscrire, de ne pas bien comprendre la situation dans laquelle il doit à nouveau être acteur. L'enjeu est ici d'être en mesure de transférer rapidement sa concentration d'une activité à une autre, d'être en mesure de se concentrer rapidement sur l'activité de conduite et le contexte de conduite.

Mais fondamentalement, ce qui nous importe ici, c'est le fait que l'indépendance est remise en question lors de cette inversion des rôles. Ce n'est plus l'individu qui décide, mais la voiture qui lui impose un comportement, le contraint à un changement d'activité, en l'occurrence à la reprise en main du véhicule. Le conducteur se sent dans la dépendance de la voiture, et sur la base de ce que nous avons vu, cela le gêne intimement. Dit autrement, l'individu est intolérant à l'égard de ce renversement des rôles, parce qu'il est intolérant à l'égard de toute diminution de son indépendance.

La prise de contrôle du véhicule par le conducteur est ici davantage une prise de contrôle du conducteur par le véhicule : le conducteur n'a pas choisi. L'indépendance de l'individu est remise en cause.

L'enjeu est donc, au sein de cet espace médiateur où s'opère un renversement des rôles, de rendre la médiation (réalisée par la voiture qui demande à l'individu de reprendre la main) aussi peu intrusive que possible, et ce afin de préserver autant que faire se peut l'illusion d'indépendance. Il s'agit de créer les conditions dans lesquelles, à la limite, l'individu n'a pas le sentiment d'être commandé par la voiture mais a le sentiment que c'est lui qui a envie de reprendre la main. Examinons, dans cette perspective, les solutions envisageables.

Si une solution radicale pouvait être envisagée, son principe serait de faire naître, chez l'individu, le désir de reprendre le volant. A vrai dire, les solutions radicales apparaissent vite peu exploitables voire aberrantes car, fondées sur l'idée de manipulations physiologiques ou psychologiques, elles posent des problèmes d'ordres variés (éthiques, juridiques, techniques notamment). Des moyens sensoriels seraient-ils tout de même envisageables ? On pense ici à la lampe Philips « Eveil lumière ». Idéalement, cette lampe entraînerait un changement d'état (le réveil), avec le sentiment que ce changement n'est pas provoqué, mais vient d'un mouvement proprement intérieur à l'individu (je ne suis pas réveillé, mais je me réveille). Dans l'automobile, peut-on concevoir une atmosphère sensorielle qui, sur ce modèle, ferait littéralement naître l'envie de reprendre le volant ?

A défaut de trouver des solutions radicales, à tout le moins peut-on tenter de trouver des palliatifs, de sorte que le conducteur ne vive pas trop mal le renversement des rôles. Quels pourraient être ces palliatifs ?

Premièrement, la progressivité du changement.

Cela signifie d'abord qu'idéalement la voiture autonome ne propose que des reprises en main anticipées, jamais imprévues. Ainsi, d'une part, la voiture respecte le « contrat » initial, c'est-à-dire le temps de délégation initialement prévu quand le conducteur est entré en phase de délégation : le conducteur ne se sent pas trompé, n'est pas surpris négativement ; d'autre part, le conducteur dispose d'une phase transitoire suffisamment longue au cours de laquelle précisément il peut *choisir* l'instant où il reprend le volant.

La progressivité du changement, c'est aussi l'idée d'une transition douce d'un point de vue sensoriel (*a fortiori*, cela signifie qu'il faut, autant que faire se peut, éviter les alertes) : il s'agit de lisser la transition, de transformer du discontinu en continu, c'est-à-dire de gommer, autant que possible, toute sensation de rupture, sans perdre en efficacité (le signal de rappel à la conduite doit être détecté, compris et inciter à l'action). Cela suggère l'idée qu'il pourrait falloir maintenir une certaine continuité en termes de vécu à bord : l'atmosphère générale pourrait ne pas être bouleversée ; une sorte de basse continue donc, qui assurerait une continuité expérientielle. Par exemple, si le conducteur se sent comme un commandant de bord en pilotage automatique et qu'il doit reprendre la main, l'imaginaire dans lequel ce conducteur baigne pourrait rester celui de l'aéronautique.

Deuxièmement, la simplicité, et même l'évidence de la séquence de rappel à la conduite et de reprise en main du véhicule.

Il s'agit ici de réduire au maximum l'effort cognitif, grâce à des signaux incitant à la reprise en main. Nous avons affaire à la notion d'*affordance* : l'affordance d'un objet désigne sa capacité à suggérer sa propre utilisation.[10] Cette notion est simple à comprendre en termes de perception visuelle : par exemple, la forme d'une poignée de porte suggère son utilisation ; la forme dit la fonction. Ne peut-on pas penser l'affordance appliquée à

[10] Cf. Gibson James J. (1977), *The Theory of Affordances*, Boston, Eds. Robert Shaw & John Bransford.

d'autres canaux sensoriels, en particulier au canal somesthésique, renvoyant notamment à l'idée de sensations de pression ou de vibration, par exemple en jouant sur des différences de sensations en termes de tension au niveau du siège du conducteur ? Un siège qui perd en tension lorsqu'on passe en délégation de conduite pour inviter au relâchement du corps et de l'esprit. Un siège qui, à l'inverse, gagne en tension au moment où le conducteur doit s'apprêter à reprendre la main, tension qui précisément l'inviterait, par mimétisme, à contracter ses muscles pour reprendre le volant en main. Ainsi, le message de rappel à la conduite serait porteur d'une certaine évidence pour le conducteur.

Troisièmement, la création de nouveaux plaisirs.

Il s'agirait ici de déclencher, au moment de la reprise en main, une séquence sensorielle qui provoquerait chez le conducteur des émotions positives, lui donnerait plaisir à reprendre le véhicule en main. Avec, pourquoi pas, l'habitude aidant, un phénomène d'attachement : le conducteur verrait la reprise en main non plus comme un renversement problématique des rôles, mais comme une occasion à saisir pour éprouver certains plaisirs (un « tour de manège » en quelque sorte).

En somme, avec ces palliatifs, l'objectif est de préserver le sentiment d'indépendance du conducteur, y compris au sein de l'espace médiateur où s'opère un renversement des rôles suite à un rappel de l'individu à l'activité de conduite.

*

* *

La logique fondamentale qui porte et légitime le développement du véhicule autonome est une logique d'indépendance qui s'inscrit dans une philosophie de l'immédiateté, qui elle-même suppose, en termes de vécu, d donner autant que possible au conducteur le sentiment qu'il est maître du jeu, y compris dans l'espace médiateur où s'opère un renversement des rôles.

Au-delà du véhicule autonome, c'est toute la question de l'assistance qui semble être en jeu. Au fond, l'autonomisation des véhicules n'est sans doute qu'une prestation possible au sein d'un ensemble plus vaste fait d'assistants personnels « intelligents », robotisés ou virtuels, créant un monde au centre duquel l'individu peut s'imaginer être indépendant.

Notre propos débouche ainsi naturellement sur un nouvel objet de réflexion, toujours relatif aux technologies contemporaines, mais plus vaste que celui du véhicule autonome. C'est désormais la question d'une intelligence qui serait « artificielle », et qui irriguerait les objets techniques, que nous sommes conduits à examiner.

Chapitre II - Une intelligence « artificielle » : visages conceptuels, visages concrets

Quand nous abordons la question d'une intelligence qui serait artificielle, une première question s'impose immédiatement à nous : celle de la nature de ladite intelligence. Qu'entend-on par intelligence ? Quels liens s'établissent entre l'intelligence (faculté naturelle) d'un côté et l'artificiel de l'autre ? Cette question, incontournable, constituera le premier temps de notre réflexion, un temps théorique qui nous conduira à envisager trois formes ou conceptions de l'intelligence artificielle.

A cette réflexion sur la nature d'une intelligence « artificielle » succéderont deux moments. Le premier consistera à réfléchir, forts de la compréhension de cette nature, aux fondements de cette intelligence : qu'est-ce qui anime l'homme intimement et le conduit à vouloir mettre au point une intelligence artificielle ? Remontant ainsi à des principes, saisissant ce faisant certaines aspirations fondamentales de l'homme contemporain, nous serons en mesure de redescendre vers l'étude des visages concrets de l'intelligence artificielle, aussi bien ceux désirés, que ceux à l'égard desquels l'individu se met à distance : ce sera le second moment que nous évoquions à l'instant. Cette réflexion sur les visages concrets est solidaire de celle sur les fondements (constituant notre deuxième partie), dans la mesure où l'étude desdits visages conduira à l'émergence de problèmes théoriques nouveaux, appelant eux-mêmes leur solution par d'autres visages de l'intelligence artificielle.

A- Une intelligence « artificielle » : tentative de définition

I- Nature de l'intelligence

Au risque de faire une tautologie, nous commencerons par dire que l'intelligence est une faculté dont est doté un être vivant intelligent, et qui lui est par là même naturelle : il en est doté par nature.

Pour définir l'intelligence, nous remonterons aux deux étymologies du mot, qui ont le mérite de donner une vision d'ensemble de la question, en renvoyant à deux systèmes de pensée clairement identifiables, l'un classique, l'autre moderne.

I-1- L'intelligence des fins : « intus legere »

Dans une perspective classique, typiquement selon la tradition gréco-latine, l'homme est doté d'une intelligence entendue comme capacité à accéder au noyau intime des choses, à lire l'intime (*intus legere* : lire à l'intérieur). C'est une capacité d'abstraction, entendue comme capacité à abstraire des perceptions sensibles l'essence ou la nature des choses, et ce faisant à comprendre les objets singuliers comme autant d'exemplaires de telle ou telle classe, de telle ou telle espèce, à pouvoir alors les nommer par tel ou tel concept, et dire alors « ceci est un être humain », « ceci est un oiseau »…

Et si l'on considère que la nature d'une chose est tout autant la fin qu'elle cherche à accomplir, puisqu'elle n'est pas immédiatement tout ce qu'elle est par nature et qu'elle n'est d'abord qu'en puissance (ce qui est aisément concevable dans l'univers du vivant où un être n'est d'abord qu'embryonnaire), ayant donc à devenir ce qu'elle est, alors l'intelligence apparaît encore comme une intelligence des fins. C'est d'ailleurs du fait de la présence en l'homme de cette faculté, que ce dernier est dit *anthropos*, terme qui, selon une étymologie dont témoigne Platon, signifie se tourner (tourner son regard) vers le haut, renvoyant à l'idée d'une conversion du regard[11] pour voir le réel au-delà des phénomènes, c'est-à-dire au-delà de ce qui apparaît aux sens, ces apparences étant, dans la tradition parménidienne, jugées trompeuses.

En particulier, cette faculté signifie que l'homme est doté d'une capacité à se connaître lui-même, c'est-à-dire à découvrir en lui la fin dont il est porteur, fin qui par nature l'appelle, l'attire, fin qu'il désire réaliser, parce qu'elle est pour lui un bien, parce qu'elle lui apporte un plus d'être, un plus de perfection, parce qu'il devient pleinement lui-même en l'accomplissant.

Naturellement, l'intelligence des fins débouche sur l'exercice d'une intelligence des moyens (sans pour autant, bien sûr, y être réductible de par sa nature même) : une fois la fin à atteindre conçue, les moyens de l'atteindre sont eux-mêmes déterminés, examinés, enfin choisis.

Ajoutons un point (dont nous réservons la portée) : dans cette perspective, l'individu « autonome » est l'individu qui d'une part, a découvert en lui sa fin naturelle, qui est au fond sa loi (*nomos*), et qui d'autre part, agit en conformité avec elle : il se régit par ses propres lois, ce qui est le sens strict d'*autonomos*.

I-2- L'intelligence des moyens : « inter ligare »

Il existe une autre définition de l'intelligence : celle d'une intelligence qui consiste non plus en une capacité à découvrir la réalité des choses au-delà des phénomènes, la réalité qui sous-tend les phénomènes, mais en une capacité à relier entre eux (*inter ligare*) lesdits phénomènes.[12] Relier les phénomènes entre eux, c'est établir des corrélations entre les phénomènes (par

---

[11] « L'éducation est l'art qui se propose ce but, la conversion de l'âme, et qui recherche les moyens les plus aisés et les plus efficaces de l'opérer ; elle ne consiste pas à donner la vue à l'organe de l'âme, puisqu'il l'a déjà ; mais comme il est mal tourné et ne regarde pas où il faudrait, elle s'efforce de l'amener dans la bonne direction » (Platon (IVème s. av. J.-C.), *La République*, Paris, Flammarion, 1966, Livre VII, 518d, p.252).

[12] « Connaître c'est synthétiser, relier entre elles les représentations en suivant certaines règles » (Ferry L. (2006), *Kant, une lecture des trois « Critiques »*, Paris, Grasset, 2014, p.65).

exemple entre le fonctionnement du foie et le taux de sucre dans le sang, ou entre la pression, le volume d'un gaz et la température), et potentiellement aller jusqu'à établir des lois scientifiques, étant entendu qu'une loi scientifique est un rapport constant entre des phénomènes. C'est, en un mot, mathématiser le monde, mettre le monde en équations. Cette intelligence est au cœur de la science moderne avec laquelle, selon les termes d'Auguste Comte, moderne s'il en est, « l'étude des lois remplace enfin la recherche des causes ».[13]

Reste à s'interroger sur les raisons qui président à cette mathématisation du monde. Au fond, la science moderne ne s'interroge pas sur les fins : typiquement, il ne s'agit pas de répondre à la question « que faire ? », « qu'est-il légitime de faire ? », « quelle est la finalité de l'homme ? ». Elle définit des impératifs hypothétiques en s'interrogeant sur les moyens qui permettent de faire telle ou telle chose, d'atteindre tel ou tel objectif d'ordre matériel (« comment faire si l'on veut que… ? »), de la finalité matérielle la plus élémentaire (diminuer le temps de cuisson des aliments), à la plus élaborée (libérer et utiliser l'énergie des atomes ou envoyer des individus sur Mars) : c'est le primat du faire. En quelque sorte, à ce titre, la science moderne n'est pas valorisée comme telle, mais est subordonnée à la technique (par exemple, ce n'est pas la formule PV = nRT qui finalement est à proprement parler intéressante, mais l'utilisation qu'on peut en faire).

Ainsi, l'intelligence des liens entre les phénomènes apparaît au fond comme l'intelligence des moyens pour agir sur le plan matériel : en mathématisant le monde, l'homme se dote d'outils prédictifs (« savoir pour prévoir ») qu'il met au service de sa capacité d'action, de sa puissance (« prévoir, afin de pouvoir »), et *in fine* au service de son action (il s'agit de faire : « prévoir pour mieux agir »). La formule comtienne « savoir pour prévoir,

[13] Comte A. (1852), *Catéchisme positiviste*, Paris, Garnier, édition Pécaut, 1909, p.82.

afin de pouvoir » aurait tout autant pu s'écrire : « savoir pour prévoir, prévoir pour agir ».[14]

Soulignons enfin un aspect dont nous réservons, ici encore, la portée. L'exercice de l'intelligence des moyens suppose une certaine capacité d'abstraction (prenant en compte les caractéristiques mathématiques ou physico-chimiques des choses). Sans capacité d'abstraction, l'univers n'apparaîtrait que comme une foultitude d'objets singuliers sans lien entre eux, ce qui compromettrait l'existence même de l'intelligence des moyens.

I-3- Le raisonnement

Après avoir considéré les objets de l'intelligence (fins et moyens) et ce faisant l'acte que constitue l'abstraction, il nous faut dire un mot de l'acte de l'intelligence que constitue le raisonnement. Partant de prémisses, le raisonnement consiste à lier, selon un lien de dépendance nécessaire, ces prémisses à une conclusion, le raisonnement le plus typique étant la déduction. Et quand ces prémisses sont des axiomes, des définitions, des faits ou des propositions déjà démontrées (des lois scientifiques, par exemple), le raisonnement a valeur de démonstration.

Ces raisonnements irriguent l'intelligence des fins et l'intelligence des moyens. Pour ce qui concerne l'intelligence des fins, le raisonnement démonstratif est typiquement nécessaire à la découverte des propriétés des choses, permettant ainsi de faire le départ entre faits symptomatiques (les faits relevant d'une logique à l'œuvre, les propriétés, justement, encore appelées accidents nécessaires) et faits divers (ou accidents contingents).[15]

---

[14] Comte écrivant d'ailleurs qu'il s'agit de « prévoir pour mieux agir » (Comte A. (1851), *Système de politique positive*, Osnabrück, Edition Otto Zeller, 1967, p.81).

[15] Donnons un exemple. Si l'on considère un système où l'individu cherche fondamentalement à satisfaire son désir tout subjectif (majeure du raisonnement, dont le contenu importe peu, étant formulée simplement pour l'exemple), et si l'on considère en outre que chacun tend à lire en autrui ce qu'il

Le raisonnement démonstratif est en outre tout autant nécessaire à la mise en équation du monde (domaine de la science : physique, sociologie, etc.), qu'à l'utilisation de ces équations pour agir (domaine de la technique).

En quelque sorte, le raisonnement est un cheminement qui part d'éléments relevant de l'intelligence des fins et de l'intelligence des moyens, et aboutit à des éléments relevant de ces mêmes intelligences, avec un gain en compréhension ou en capacité d'action : ce cheminement est une méthode (*méta-hodos*), c'est-à-dire un chemin (*hodos*) permettant d'aller au-delà (*méta*) des connaissances initiales.

II- Trois manières de concevoir une intelligence artificielle

Après cette étude succincte du concept d'intelligence, nous proposons d'aborder la question de l'intelligence artificielle en nous penchant sur le concept d'artifice, et en considérant d'abord que l'artificiel diffère fondamentalement du naturel, voire s'y oppose.

Le naturel est ce vers quoi un être va de lui-même dès lors qu'il est laissé à lui-même : c'est la tendance, le mouvement spontané de cet être. Ainsi, de lui-même, l'arbre pousse. A l'inverse, dans l'art, l'origine du mouvement est extérieure à la chose à laquelle il est imprimé : « si l'art de construire les vaisseaux, écrit Aristote, était dans le bois, il agirait comme la nature »[16], le vaisseau pousserait comme pousse l'arbre, ce qui n'est pas le cas. La chose artificielle, contrairement à la chose naturelle, est privée de toute spontanéité : « la nature est principe

---

lit en lui-même (que cette proposition puisse être démontrée, ou qu'elle ait valeur d'axiome, ou pas, là n'est pas notre propos), alors l'individu en question tend naturellement à considérer que, comme lui, autrui cherche à satisfaire son désir, quitte à rencontrer l'autre comme un obstacle à surmonter sur le chemin de sa satisfaction, c'est-à-dire que chacun tend à considérer qu'il risque de tomber dans la dépendance d'autrui (propriété).

[16] Aristote (IVème s. av. J.-C.), *Physique*, Paris, Vrin, 2012, Livre II, 8, 199, b, 25-30, p.133.

de mouvement dans la chose même », alors que « l'art est principe en une autre chose ».[17]

Le cas échéant, l'artificiel peut même s'opposer à la nature, au mouvement de la nature : il renvoie alors à l'idée d'une construction venant contrer ou contrarier la nature des choses ; une règle qui viendrait contraindre l'individu, un élément artificiel qui viendrait contraindre un élément naturel.[18]

Sur cette base, plusieurs questions se posent, qui découlent d'une interrogation sur les articulations possibles entre nature et artifice, et desquelles émergeront trois conceptions de l'intelligence artificielle. *Premièrement*, la différence fondamentale voire l'opposition entre le naturel et l'artificiel interdisent-elles de penser une forme de complémentarité entre les deux ? Et quel sens prend dans ces conditions l'idée d'une intelligence artificielle ? *Deuxièmement*, si l'on considère que l'intelligence est une faculté naturelle, qu'est-ce qu'une intelligence artificielle sinon une faculté intime, intérieure, naturelle à une chose, mais dont cette dernière aurait été dotée artificiellement, c'est-à-dire par des moyens qui lui sont extérieurs ? Le naturel serait construit, il sortirait de l'artificiel, la spontanéité sortirait de l'inerte, la vie du non-vivant (comme si l'on pouvait, en quelque sorte, créer du vaisseau qui pousse tout seul), hétérogénéité qui conduit à s'interroger sur la portée que peut avoir le concept même d'intelligence artificielle, à se demander si l'ambition de construire une intelligence n'est pas en quelque sorte minée par une contradiction interne.

---

[17] Aristote (IVème s. av. J.-C.), *Métaphysique*, Paris, Vrin, 2004, Livre Λ, 3, 1070, a, 7-9, p.161.

[18] « Tu ne sais pas, leur disait-il, ce qu'est un arbre. J'en ai vu un qui a passé par hasard dans une maison abandonnée, un abri sans fenêtres et qui était parti à la recherche de la lumière. Comme l'homme doit baigner dans l'air, comme la carpe doit baigner dans l'eau, un arbre doit baigner dans la clarté. (…) Cet arbre né aveugle avait donc déroulé dans la nuit sa puissante musculature et tâtonné d'un mur à l'autre et titubé et le drame s'était imprimé dans ses torsades. Puis ayant brisé une lucarne dans la direction du soleil, il avait jailli droit comme un fût de colonne, et j'assistais, avec le recul de l'historien, au mouvement de sa victoire. » (Saint-Exupéry A. de (1948), *Citadelle*, Paris, Gallimard, 2000, p.62).

Troisièmement, considérant les limites propres à l'intelligence artificielle, il faudra s'interroger sur les éventuels moyens de les dépasser, d'obtenir en quelque sorte une intelligence artificielle pleine et entière.

II-1- Une intelligence artificielle entendue comme intelligence naturelle révélée artificiellement

Il nous faut d'abord dire qu'il existe une manière de concevoir l'artificiel comme n'étant pas en contradiction avec le naturel, bien au contraire. Elle se fonde sur l'idée que l'homme n'est pas immédiatement tout ce qu'il est pourtant par nature et qu'il n'est d'abord qu'en puissance, qu'il n'est pas immédiatement parfait mais puissance de perfection, et que le passage de la puissance à l'acte, la réalisation d'un plus d'être, l'accomplissement de soi, suppose une médiation, une éducation. Cette perspective, typiquement classique, se spécifie de deux manières : poursuivons un instant dans cette voie.

Il y a d'un côté la vision typiquement aristotélicienne : « l'art (*technè*) achève ce que la nature n'a pu mener à bien »[19]. L'art, c'est en quelque sorte « l'homme s'insinuant dans les lacunes de la nature (…) pour l'achever vers elle-même, la naturaliser »[20] : l'éducateur est un jardinier qui connaît et cultive la nature des choses et des gens, qui favorise le développement d'un germe et contribue à guérir les faiblesses ponctuelles, avec l'idée qu'au fond un corps est fait pour fonctionner en bonne santé, que la maladie est un dysfonctionnement ponctuel, un accident de parcours, que le rétablissement est spontané (même s'il peut supposer un adjuvant), le principe du rétablissement étant dans l'organisme vivant, en tant que tel caractérisé par l'homéostasie. Dans cette perspective, la morale est un art conçu sur le modèle de la médecine.

---

[19] Aristote (IVème s. av. J.-C.), *Physique*, *op. cit.*, Livre II, 8, 199, a, 15-17, p.130.

[20] Aubenque P. (1963), *La prudence chez Aristote*, Paris, PUF, Quadrige, 1993, p.86.

Il y a d'un autre côté, la vision typiquement platonicienne. Ici l'éducateur n'est pas un simple jardinier : il est l'interprète inspiré d'une transcendance et provoque, sur cette base, une sorte de régénération chez un homme spontanément porté à la démesure (*hybris*). La maladie n'est plus un simple dysfonctionnement dû à la présence en l'homme d'un agent agressif importé que le corps tend naturellement à éliminer, mais elle est présence naturelle en l'homme du mal, d'un agent agressif qui lui est donc intrinsèque ou constitutif (la partie de l'âme portée à la démesure et qui est principe de désordre, de décomposition) et que l'éducation a pour but d'inféoder à la partie de l'âme naturellement portée à la mesure (*metron*), à l'harmonie. Comment ? En élevant l'homme à la contemplation de l'intelligible, c'est-à-dire en lui montrant le plus d'être, les perfections qu'il peut acquérir et qu'il veut dès lors qu'il les conçoit, constituant alors pour lui un bien. Bref, la vie est un combat contre la désagrégation (de l'homme et de la cité) et la victoire suppose une contemplation de l'être qui, elle-même, suppose une médiation entre l'homme et la transcendance.

En somme, dans la perspective classique, si l'accomplissement de soi et la participation au monde qui en est le corollaire sont *naturels* à l'homme, ils ne sont pas absolument spontanés : ils supposent un *art*, celui de l'éducateur qui fait en quelque sorte office de catalyseur. L'artificiel est ici au service du naturel.

Appliquées à la question qui nous intéresse, ces considérations nous conduisent à dire que l'intelligence est une faculté qui suppose, pour être mise en œuvre ou s'exercer pleinement, une médiation, une éducation ; qu'il s'agisse de l'intelligence des fins, de l'intelligence des moyens, ou de la capacité de raisonnement. Ainsi, ce qu'il peut y avoir d'« intelligence artificielle » dans cette perspective est une intelligence naturelle révélée artificiellement.

II-2- Une intelligence artificielle pure

L'approche « cognitiviste »

Pour dépeindre le deuxième visage de l'intelligence artificielle, il nous faut revenir à notre constat initial, celui selon lequel l'intelligence est une faculté dont est doté un être intelligent, et qui lui est par là même naturelle : elle est, chez l'homme, une faculté *naturelle*. Que peut donc bien signifier une intelligence qui serait *artificielle*, et cette fois-ci non pas seulement dans sa genèse en quelque sorte, mais dans sa nature même, c'est-à-dire artificielle de part en part ? C'est l'idée, nous l'avons déjà évoqué, d'une intelligence qui serait intégralement construite, d'une intelligence naturelle non pas révélée artificiellement, mais construite artificiellement. Seulement, à défaut de pouvoir faire sortir le vivant, la spontanéité, le naturel de la matière (l'homme ne fabriquera jamais des navires qui poussent tout seuls), à défaut donc de pouvoir construire une intelligence naturelle de toutes pièces, l'intelligence artificielle consistera, dans l'approche dite « cognitiviste »[21], en une intelligence qui s'approche de la cognition humaine, n'en réalisant pas les actes, mais les simulant partiellement.

Cette première définition nous invite à nous interroger sur le périmètre qu'une telle intelligence peut recouvrir, c'est-à-dire à considérer les actes de cette faculté.

Ce n'est manifestement pas sur le terrain de l'intelligence des fins qu'une intelligence artificielle peut être mise en œuvre car la capacité d'abstraction qui est alors en jeu est celle consistant à abstraire des perceptions sensibles l'essence des choses : cette abstraction n'est ni physico-chimique, ni mathématique, mais métaphysique ; elle semble constituer un acte proprement humain. C'est dans cette perspective que Jean-Gabriel Ganascia souligne que « certains pensent que ce qui touche à l'art, à la spiritualité et au génie humain, autrement dit à ce que Blaise Pascal appelle « l'esprit de finesse », y échappera toujours [à

---

[21] Cf. Doncieux S. (2015), *Demain les robots rêveront. Dossier pour la science*, 87, p.92.

l'intelligence artificielle]. Peut-être ont-ils raison, peu importe, car tous les autres aspects de l'intelligence, qui relèvent de ce que Pascal caractérise comme « l'esprit de géométrie », demeurent à la portée de l'intelligence artificielle. (…) L'intelligence produite par l'intelligence artificielle ressemble, à certains égards, à l'intelligence naturelle ».[22] Et ce n'est bien, dans notre perspective, qu'« à certains égards ». Dans quelle mesure donc ?

Il apparaît qu'une intelligence artificielle est opérante sur le terrain du raisonnement, sans qu'il s'agisse pour autant de dire qu'une intelligence artificielle raisonne, mais bien plutôt qu'elle *simule* des raisonnements. Typiquement, les systèmes experts relèvent d'une telle intelligence artificielle.[23] Dans un système expert, à partir d'une base de règles (fournie par le concepteur) et d'une base de faits (fournie par l'utilisateur), une intelligence artificielle applique les règles adéquates aux faits et en tire une conclusion logique : c'est le cœur du système, le « moteur d'inférence » qui *simule* des raisonnements déductifs en établissant des liens nécessaires entre des prémisses (faits et règles) et des conclusions.

Dire que l'utilisateur, c'est-à-dire l'homme, se charge d'établir les faits signifie que l'utilisateur code tous les éléments, toutes les réalités (concrètes ou abstraites), auxquels l'intelligence artificielle a affaire. Non seulement ce code n'a pas valeur de concept, mais il n'a même pas valeur de représentation d'une réalité singulière. Par exemple, pour un autocuiseur intelligent, le signifiant « rôti » que sélectionne l'utilisateur, ne renvoie nullement à l'essence ou au signifié « rôti », ni même à tel rôti particulier (disons, celui de 2kg que l'utilisateur met dans le robot) : c'est simplement un fait, ou plutôt un ensemble de données d'entrée (un rôti, de 2kg), qui déclenche l'application de règles et une conclusion (une cuisson à 200°C pendant 40 minutes). On le voit, chaque objet de l'univers dans lequel évolue

---

[22] Ganascia J.-G. (2017), *Intelligence artificielle : vers une domination programmée ?*, Paris, Le Cavalier Bleu, p.82.

[23] Il s'agit de « systèmes dits experts, parce qu'ils recourraient au savoir d'hommes de métier pour reproduire leurs raisonnements » (Ganascia J.-G. (2017), *op. cit.*, p.15).

l'intelligence artificielle est codé, si bien que l'univers dans lequel s'exerce cette intelligence artificielle est un univers fermé.

Une intelligence artificielle peut-elle se charger d'établir elle-même les faits, la base de faits, et évoluer alors dans un univers ouvert ? L'idée serait ici : 1) que l'intelligence artificielle prenne en compte certaines caractéristiques physico-chimiques ou mathématiques des réalités auxquelles elle a affaire ; 2) qu'elle détermine alors la conformité de ces caractéristiques à des critères prédéfinis par l'homme comme étant propres à telle ou telle réalité ; 3) qu'elle en conclue alors qu'elle a affaire à telle ou telle réalité, à tel ou tel fait.

On le voit, cette approche suppose que l'homme ait d'abord défini les éléments constitutifs du réel en termes de caractéristiques physico-chimiques ou mathématiques propres. Par exemple, l'homme ne serait pas défini comme un « animal doué de raison » mais comme un bipède, doté d'un pouce opposable, d'une boîte crânienne de telle dimension, etc. En cela, le concept (par exemple « homme ») n'aurait pas valeur de concept (ce par quoi l'essence est connue, pour un être doué d'une capacité d'abstraction), mais simplement de signe arbitrairement associé à un ensemble de variables ou dimensions (les susdites caractéristiques). Ainsi, l'autocuiseur intelligent n'aurait pas besoin que l'utilisateur lui indique la nature de l'aliment à cuire : il détecterait certaines caractéristiques propres à l'aliment et déterminerait alors à quel aliment elles correspondent (ou plutôt les associerait à un aliment initialement prédéfini par le concepteur selon lesdites caractéristiques). Tout se passerait comme si l'autocuiseur « reconnaissait » l'aliment, lançant alors le programme de cuisson adéquat.

Seulement, si l'on considère qu'une réalité est inépuisable du point de vue desdites caractéristiques physico-chimiques ou mathématiques[24], que par conséquent une description donnée n'épuise jamais la description possible ; et si l'on considère en outre la multiplicité des objets rencontrés ; alors on est amené à

[24] A l'exception des objets mathématiques eux-mêmes, dont la description (mathématique) peut épuiser la réalité.

considérer qu'une intelligence artificielle ainsi définie n'est pas à l'abri d'erreurs, de confusions. A définir les choses à partir desdites caractéristiques et non à partir de leur essence, les approximations foisonnent et des erreurs ne peuvent manquer de surgir. Pour l'exemple, en partant de définitions volontairement simplifiées en termes phénoménaux, une intelligence artificielle pourrait confondre une balle de tennis et une boule de pétanque (sphères de petit diamètre), un chimpanzé et un gorille (êtres dotés de pouces opposables), la carotte et le haricot vert (même teneur en eau).

Ce problème central de définition correspond à ce que Stéphane Doncieux appelle le « problème de l'ancrage des symboles ». On aura beau affiner ces définitions, il ne sera pas possible d'épuiser le réel, d'anticiper tous les phénomènes qu'une intelligence artificielle pourra rencontrer, d'éviter donc des erreurs : pour une telle intelligence artificielle, dit Stéphane Doncieux, il faudrait « imaginer de façon explicite toutes les situations auxquelles elle sera exposée. (…) C'est un leurre que de prétendre y parvenir un jour ».[25]

Outre cette approche « cognitiviste », d'autres approches existent. Nous aborderons successivement le « machine learning » et l'approche dite « évolutionniste ».

Le « machine learning »

Cette approche se fonde sur les réseaux de neurones.[26] L'idée est la suivante. En s'appuyant sur des réseaux de neurones, on donnerait à une machine une multitude d'exemples étiquetés, c'est-à-dire d'exemples de réalités (concrètes ou abstraites) classées, nommées, afin qu'elle soit en mesure de trouver automatiquement l'étiquette associée à d'autres exemples, quant à eux, initialement non étiquetés. C'est ce que l'on appelle le « machine learning » ou « apprentissage automatique ». « Plus précisément, écrit Ganascia, cet apprentissage est dit *supervisé*

---

[25] Doncieux S. (2015), *op. cit.*, p.93.

[26] Cf. Ganascia J.-G. (2017), *op. cit.*, pp.101-102.

car un « professeur » donne des exemples avec leurs étiquettes. A titre d'illustration, si l'on donne des formes géométriques comme des losanges, des polygones (...), on indique à la machine que ce sont des losanges, des carrés, des polygones (...). Et on espère qu'elle sera capable de distinguer automatiquement cercles, ellipses, pentagones, quadrilatères si on lui donne suffisamment d'exemples ainsi étiquetés ».[27]

Ainsi, par exemple, si nous considérons une intelligence artificielle inscrite dans un univers ouvert au sein duquel elle détecterait certaines caractéristiques (physico-chimiques ou mathématiques) des réalités auxquelles elle a affaire, par apprentissage automatique elle finirait par distinguer d'elle-même les catégories auxquelles ces réalités appartiennent. On contourne ainsi le problème de définition précédemment souligné : l'homme n'a plus à d'abord définir les éléments constitutifs du réel en termes de caractéristiques physico-chimiques ou mathématiques propres.

Cependant, l'apprentissage automatique ne permet pas d'éviter la limite précédemment mise en avant, selon laquelle un objet (non mathématique) est inépuisable du point de vue de ses caractéristiques physico-chimiques ou mathématiques : ici encore, une intelligence artificielle reste sujette à des erreurs, des confusions.

L'approche « évolutionniste »

Cette approche a pour principe général l'idée suivante, ainsi formulée par Rodney Brooks : « the key idea of the new approach is to advance both robotics and artificial intelligence by considering the problems of building an autonomous agent that physically is an autonomous mobile robot and that carries out some useful tasks in an environment that has not been specially

[27] Ganascia J.-G. (2017), *op. cit.*, p.103. Il existe aussi un apprentissage dit *non supervisé* « où les exemples sont donnés à la machine sans que l'on précise la catégorie dont ils relèvent. On souhaite alors construire des procédures capables de regrouper ensemble des exemples similaires et de dégager automatiquement des caractéristiques de ces groupes » (*Ibid.*, p.103).

structured or engineered for it ».[28] Cela signifie notamment que, dans ces approches, nous avons affaire à des robots, d'une part incarnés physiquement, et qui d'autre part interagissent directement avec l'environnement incertain, mouvant, dans lequel ils s'inscrivent et auquel ils s'adaptent. Les développements les plus récents de cette approche correspondent à ce que l'on nomme la robotique évolutionniste. Celle-ci consiste à laisser un robot évoluer dans un environnement inconnu pour effectuer une tâche précise, « atteindre un objectif qui lui a été fixé »[29] (par exemple, déplacer un objet du point A au point B), ce robot générant des solutions aléatoires, et évaluant, suite à chaque essai, la performance de chaque solution. Et à mesure d'élimination des solutions les moins performantes et de génération de nouvelles solutions aléatoires sur la base des premières solutions aléatoires les plus performantes ; à mesure donc de cycles de génération, d'évaluation et de sélection de solutions, le robot progresse vers la solution la plus performante.[30] En un mot, cette démarche suppose que l'homme ait défini pour le robot un objectif à atteindre, le robot ayant pour fonction d'optimiser la manière d'atteindre l'objectif, par essai-erreur. Cette approche dite évolutionniste donne le sentiment que le système « apprend ».[31]

On soulignera enfin que ce type d'approche se fonde sur des algorithmes « évolutionnistes » dont le propre est de permettre de trouver le maximum d'une fonction « que l'on ne peut pas exprimer facilement de façon mathématique et donc résoudre

[28] Brooks R. A. (1991), *New approaches to robotics. Science*, 253, p.1227.
[29] Doncieux S. (2015), *op. cit.*, p.94.
[30] Cf. Mouret J.-B., Doncieux S., Bredèche N. (2015), *La robotique évolutionniste. Dossier pour la science*, 87, pp.32-38, notamment p.34. Cf. aussi Brooks R. A. (1991), *New approaches to robotics. Science*, 253, p.1230 : « Traditional walking robots are given a desired trajectory for their body and then appropriate leg motions are computed. [In the new approach, the problem is decomposed] into independently controlling the hopping height of a leg, its forward velocity, and the body attitude. The motion of the robot's body emerges from interactions of these loops and the world ».
[31] Cf. Doncieux S. (2015), *op. cit.*, p.94.

formellement : la fonction à optimiser est une « boîte noire » dont on ne sait rien ».[32]

*

*   *

A ce stade de la réflexion, plusieurs choses apparaissent.

Il apparaît d'abord qu'à certains égards, l'intelligence artificielle semble distancer l'homme. Par exemple, si l'on considère l'approche évolutionniste, nous avons affaire à une intelligence artificielle élaborant les moyens d'atteindre un objectif donné, moyens dont la nature échappe à l'homme, comme à l'intelligence artificielle d'ailleurs. A cet égard, l'intelligence artificielle en quelque sorte dépasse l'homme, produisant des solutions que l'homme ne peut concevoir, ni par conséquent produire, n'ayant quant à elle nullement besoin de les concevoir pour les produire. C'est la « boîte noire » que nous évoquions à l'instant. En quelque sorte, une intelligence artificielle produit, agit, fait, sans s'interroger sur la nature des moyens mis en œuvre dans cette action (ne les concevant ni en amont, ni en aval de l'action), encore moins sur la finalité de ladite action.

Pourtant, à d'autres égards, une intelligence artificielle reste en deçà d'une intelligence humaine. Nous l'avons vu, elle n'est pas à l'abri d'approximations ou de confusions, dès lors que les réalités auxquelles elle a affaire ne sont pas épuisables du point de vue de leurs caractéristiques mathématiques ou physico-chimiques. Et il reste toujours que la capacité à penser, entendue comme capacité d'abstraction métaphysique, lui fait défaut.[33] L'intelligence artificielle rencontre donc des limites qui semblent difficilement dépassables ; il y a des domaines où l'intelligence humaine semble incontournable.

---

32 Cf. Mouret J.-B., Doncieux S., Bredèche N. (2015), *op. cit.*, p.34.

33 L'intelligence artificielle « ne bâtit que des théâtres imaginaires, où se meuvent des personnages chimériques dotés d'aptitudes partielles » (Ganascia J.-G. (2017), *op. cit.*, p.13).

Que cela soit par la considération de ces limites, ou simplement par la considération des articulations possibles entre les notions de nature et d'artifice, nous sommes invités à emprunter une troisième voie, cependant intrinsèquement porteuse de problèmes éthiques.

II-3- Une intelligence artificielle entendue comme intelligence naturelle détournée artificiellement

L'idée est la suivante. A défaut de pouvoir construire artificiellement une intelligence qui recouvre tout le champ de l'intelligence naturelle de l'homme, une voie possible consiste à s'appuyer sur l'homme pour utiliser, exploiter l'intelligence dont il est porteur. Cette voie suppose d'isoler en l'homme la faculté d'intelligence, et ce en éradiquant en lui l'autre faculté dont il est naturellement porteur, à savoir sa volonté, les inclinations qui lui sont propres (toutes considérations éthiques mises à part), et en leur substituant alors des inclinations qui lui sont étrangères. C'est l'idée d'utiliser l'intelligence naturelle à des fins qui, elles, sont artificielles par rapport à la nature de l'individu.

Dans cette perspective, on ne cherche pas à éduquer l'individu (*ex-ducere* : tirer hors de, au sens où dans l'éducation, l'individu est amené à accoucher de lui-même, de ses aspirations profondes), mais à le dresser, à déterminer son inclination de l'extérieur, à lui inculquer des inclinations (*in-calcare* : faire entrer en foulant), et à lui extirper ce faisant ses aspirations propres : c'est l'hétéronomie de la volonté, établie par dénaturation et « re-naturation » de l'individu. Ainsi construit, fabriqué, façonné de l'extérieur, cet individu ne va pas vers son bien propre : il est un homme nouveau, qui va vers un bien de substitution qui lui a été inculqué, et qui est donc artificiel par rapport à sa nature originelle. Son intelligence est au service de finalités extérieures à l'individu, réduit au rôle d'instrument, de moyen.[34]

[34] Remarquons que, s'agissant d'une intelligence humaine, l'intelligence dont il est ici question est de tous types quant à ses objets (fins et moyens) et ses actes (abstraction, jugement, raisonnement), mais que si l'individu peut ici

Cette perspective est celle d'un détournement de la nature des choses. Elle correspond, notamment, à la conception heideggérienne de la technique moderne. Contrairement à la technique aristotélicienne qui, nous l'avons vu, « achève ce que la nature n'a pu mener à bien »[35], avec la technique moderne, la nature est enjointe, sommée, mise en demeure de produire ses fruits, indépendamment de son cycle naturel et au-delà de son rendement naturel, à la demande donc, et dans la quantité souhaitée : elle est un stock de biens disponibles au service de l'homme, qui lui impose des fins qui lui sont étrangères. Du point de vue de Heidegger, écrit Jean-Michel Besnier, « la technique (…) exige de la nature qu'elle se réduise à la seule énergie qu'elle est capable de fournir et au seul calcul auquel on peut la soumettre ».[36] Donnons quelques exemples, dans le domaine agricole, afin de finir de cerner la nature de cette mise en demeure. Une greffe sur un pommier ne modifie pas le projet du pommier ; ou encore, par la mise au point des machines agricoles (telle la machine à égrener de Whitney) qui facilitent le travail de l'homme, on ne modifie pas non plus la nature. En revanche, quand on met au point des techniques visant à dépasser le rendement naturel de la terre par l'utilisation d'engrais, on manipule la nature, on outrepasse ses finalités, toutes choses illustratives de la technique moderne, dans une perspective heideggérienne.

Certaines utopies modernes s'inscrivent dans cette perspective du détournement de la nature des choses, et spécifiquement dans la perspective du formatage de l'individu, et ce pour bâtir la société : ces utopies nourrissent à leur manière la réflexion proprement politique sur les conditions de possibilité de l'unité d'une diversité. Donnons un exemple tout à fait

---

exercer une intelligence des fins, à tout le moins ne doit-il pas se l'appliquer à lui-même, au risque de découvrir sa propre finalité, qui par nature l'attire, ce qui compromettrait (toutes considérations morales mises à part) l'émergence d'une intelligence vierge de toute aspiration propre.

[35] « L'art (*technè*) achève ce que la nature n'a pu mener à bien » (Aristote (IVème s. av. J.-C.), *Physique*, *op. cit.*, Livre II, 8, 199, a, 15-17, p.130).

[36] Besnier J.-M. (2010), *Demain les posthumains*, Paris, Arthème Fayard, p.130.

symptomatique à cet égard : celui du *Meilleur des mondes* de Huxley. L'idée qui guide le propos est la suivante. Les utopies ont toujours buté sur l'écueil d'une nature humaine rebelle à l'intégration dans la société parfaite. Par conséquent, la constitution de la société parfaite, sans conflit, de la société qui fonctionne parfaitement, suppose une transformation de l'homme : il s'agit de fabriquer un homme nouveau. Et cette transformation vise à littéralement fabriquer des travailleurs et des consommateurs parfaits, à produire des individus dont les talents et les envies sont commandés par les nécessités de la société, c'est-à-dire des individus non seulement aptes à occuper la place qui doit leur être affectée dans la société pour que celle-ci fonctionne parfaitement, mais aussi désireux d'occuper cette fonction, désireux d'être tel salarié et tel consommateur ; en somme déterminés à occuper cette fonction, faute de quoi ils ne manqueraient pas de vouloir y échapper.[37] Par exemple, s'il manque de cordonniers, on fabrique du cordonnier content de l'être ; s'il manque des consommateurs de parcs d'attractions, là encore on en fabrique. Sur la base de cet homme fabriqué, dont l'intériorité a été violentée, se trouve constituée une société sans conflit.

Indépendamment de toute considération d'ordre moral, le bénéfice de cette voie est de dépasser les limites d'une intelligence artificielle pure, lacunaire comme nous l'avons vu, en utilisant l'intelligence naturelle de l'homme, réduit en quelque sorte à une puissance intellectuelle, coupé donc de sa volonté originelle et porteur d'une volonté importée.

Cette pente semble naturelle au « posthumanisme » si l'on s'en réfère à Jean-Michel Besnier. Il souligne en effet que la « domestication de l'homme par l'homme »[38] consiste selon les

---

[37] Remarquons que c'est par des traitements chimiques au stade fœtal et le conditionnement des individus pendant l'enfance, que ces hommes sont fabriqués. Et quand ce déterminisme devient défaillant, quand sourd du plus profond de l'individu l'appel de sa nature intime, cet individu est invité à absorber le « soma », qui provoque en lui l'oubli, l'oubli de soi, nourrissant ce faisant un fragile et superficiel sentiment de bien-être à la place qu'il occupe.
[38] Besnier, J.-M. (2010), *Demain les posthumains*, *op. cit.*, p.17.

« utopistes du posthumain » à « souhaiter refaire l'homme », rien ne s'opposant à ce « modelage » : « sa plasticité est indéfinie, comme le montrent chaque jour davantage les neurosciences qui savent qu'un cerveau lésé peut se reconstituer »[39] et qui « permettront de plus en plus de modifier l'humeur, de réduire l'agressivité, de moduler la dépression ou la surexcitation ou même de provoquer l'extase ».[40] Pour les post-humanistes, « la thèse de l'indétermination naturelle ne saurait se laisser entraver par celle d'une essence éternelle ».[41] C'est alors en particulier à Vance Packard qu'il est fait référence[42], pour sa revue de « toutes les recherches visant à contrôler les comportements grâce aux techniques de conditionnement »[43] (Vance Packard faisant cette revue pour dénoncer les excès d'une « reprogrammation de l'humain à des fins d'adaptation aux normes sociales »[44]).

*

*   *

On comprend aisément les raisons qui président au développement de l'intelligence naturelle révélée *artificiellement* : il s'agit de faire en sorte que l'individu développe ses potentialités naturelles moyennant un *art*, c'est-à-dire une éducation. A ce titre, cette forme apparaît à part, soulevant principalement des problèmes d'ordre philosophico-politique, ce pourquoi elle excède le cadre de cette note. Nous la mettons donc désormais de côté.

En revanche, et quoique nous ayons laissé entendre qu'une intelligence artificielle pouvait être une intelligence naturelle au service de fins étrangères à l'individu, l'on ne voit pas encore les raisons qui commandent le développement des deuxième et

---

39 *Ibid.*, p.57.
40 *Ibid.*, p.80.
41 *Ibid.*, p.57.
42 Packard V. (1978), *L'Homme remodelé*, Paris, Calmann-Lévy.
43 Besnier, J.-M. (2010), *Demain les posthumains*, *op. cit.*, p.78.
44 Besnier, J.-M. (2010), *Demain les posthumains*, *op. cit.*, p.80.

troisième formes, c'est-à-dire d'une entité qui a tout de l'intelligence humaine, et même la dépasse. C'est cette question que nous devons maintenant serrer de plus près.

Pour faciliter l'exposé de notre réflexion, nous identifions désormais l'intelligence artificielle aux deuxième et troisième formes à l'instant étudiées, tout en insistant sur le problème éthique dont la troisième est, de manière patente, intrinsèquement porteuse.

B- Fondements et voies de réalisation d'une intelligence artificielle

Après nous être penchés sur la nature d'une intelligence qui serait artificielle, il nous revient maintenant de chercher ce qui fonde son développement, et pour ce faire, nous devons remonter à certains principes structurant une modernité qui, certes, a plusieurs visages, mais dont il n'est pas douteux que parmi ceux-ci le « progressisme » en est un majeur. Sur cette base, nous serons en mesure de déterminer ce en vue de quoi une intelligence artificielle est mise au point, c'est-à-dire les formes cette fois-ci concrètes de l'intelligence artificielle. Enfin, ces formes concrètes nous permettront aussi de dresser l'anti-portrait de l'intelligence artificielle : ce qu'elle ne doit pas être, comment elle ne doit pas se concrétiser.

I- Réflexions sur les aspirations contemporaines qui sous-tendent le développement d'une intelligence artificielle : le progrès scientifique au service du désir d'indépendance

I-1- Le problème

Une manière d'aborder la question qui nous intéresse ici consiste à nous appuyer sur les deux sens du mot « autonomie », distinction cruciale pour notre propos. Sur cette base, nous brosserons le tableau de cette modernité « progressiste ».

En son sens classique, typiquement grec, l'individu « autonome » est, nous l'avons vu, l'individu qui découvre en lui sa fin qui par définition l'appelle, l'attire, guidant donc ses actions, c'est-à-dire l'individu qui découvre en lui une loi (*nomos*) dont il est porteur et conformément à laquelle il incline naturellement à agir, l'individu qui à ce titre se régit par sa propre loi, étant donc « autonome ». Et nous ajoutons tout de suite que cette autonomie est principe de participation car, d'un point de vue classique, à mesure qu'un être agit conformément à sa loi intérieure, à cette invitation à être pleinement soi-même, à mesure donc qu'un être accomplit sa nature, il communique aux autres quelque perfection ou offre quelque service (la fleur offrant ses couleurs à contempler, l'homme offrant sa réflexion, sa protection, ou encore sa production matérielle) : fondamentalement il donne, étant par là même aimable. Au fond, chacun se sent partie d'un tout dont les parties constitutives sont dans des relations de services réciproques.

En un certain sens moderne, en revanche, l'autonomie peut être considérée comme étant ancrée dans le subjectivisme : l'individu ne découvre pas en lui-même une nature, une finalité dont il serait porteur, mais il est un être tout entier désir, qui détermine pour lui-même, c'est-à-dire pose, les fins qu'il estime valables et qui guident son action, un être qui à ce titre se donne à lui-même une loi dont il est par conséquent l'auteur. En d'autres termes, il se donne à lui-même des objectifs, indépendamment de toute référence à une nature, et donc indépendamment de toute référence à une participation qui serait naturelle : l'individu se pense comme un tout, non comme une partie, il est un « tout parfait et solitaire »[45] selon les termes de Jean-Jacques Rousseau, illustrant bien cette perspective.

Ainsi conçu, l'individu est fondamentalement soucieux de pouvoir atteindre les objectifs qu'il se donne, et ne constituant

[45] Rousseau J.-J. (1762), *Du Contrat social*, Paris, Gallimard, 1964, Livre II, chapitre 7, p.203.

par là même nullement la partie d'un tout, il est encore fondamentalement soucieux de son indépendance : il veut ne rencontrer ni autrui ni quoi que ce soit comme un obstacle sur le chemin de la satisfaction de son désir. Il s'agit d'éviter la double dépendance, celle à l'égard d'autrui, et celle à l'égard d'une nature jugée pas assez généreuse au regard du désir individuel. Au fond, il s'agit pour lui de minimiser les moyens mis en œuvre (temps, coût, énergie déployée…) entre l'émergence d'un désir et sa satisfaction, puisque tout ce qui vaut à ses yeux, c'est l'atteinte de l'objectif qu'il s'est donné, la satisfaction de son désir. On le voit, la quête de l'indépendance est tout autant la quête de la disparition de la rareté, la quête de l'abondance en toutes choses.

En particulier, pour tenter d'établir leur indépendance matérielle, l'abondance matérielle, lever la dépendance à l'égard des choses, les individus s'allient ou coopèrent pour produire : ils construisent un monde économique, une organisation économique, où ils se trouvent être plus que jamais attachés les uns aux autres, interdépendants. En quête donc d'indépendance matérielle, c'est la dépendance à l'égard d'autrui qui se renforce : par la voie de l'organisation économique, l'abondance matérielle recherchée sera toujours lestée d'un coût, d'une perte, celle de la dépendance à l'égard d'autrui.

A moins d'espérer pouvoir fonder l'indépendance à l'égard d'autrui, mais en société. Mais comme cela signifie strictement qu'il s'agit de faire que *chacun* puisse mettre la société tout entière à son service, il apparaît à ce stade que la solution à ce problème semble conduire à une impasse.

Si bien que le souci d'être indépendant à l'égard d'autrui au sein même d'un système de coopération conduit finalement chacun à vouloir sans cesse peser davantage dans le rapport de forces, manière de gagner en indépendance à proportion de son poids : c'est l'augmentation de la force, de la puissance, du pouvoir individuel qui est recherchée par chacun. C'est au fond la perspective de Hobbes ou de Spinoza : quand l'homme est tout entier désir, il est à la recherche des moyens de satisfaire son désir, il est volonté de puissance.

Mais il reste que, dans cette perspective, l'abondance matérielle ne sera jamais radicale, mais toujours limitée, car elle supposera toujours un coût, une perte, une contrepartie : la dépendance à l'égard d'autrui.

I-2- La solution par le progrès scientifique

Si l'on veut dépasser ces difficultés, il faut emprunter une tout autre voie, une voie permettant de cheminer vers l'indépendance à l'égard des choses, c'est-à-dire vers l'abondance, tout en contournant la nécessité de mettre sur pied (et dans un premier temps de développer toujours plus) une organisation économique, par nature porteuse de dépendance à l'égard d'autrui.

Cette voie, ouverte notamment par Descartes, a pour fondement l'idée suivante : la clé de l'établissement de l'abondance matérielle délestée de toute dépendance à l'égard d'autrui se trouve, non pas dans l'organisation économique, mais dans le progrès scientifique. Il s'agit, selon la formule cartésienne, de se rendre « maîtres et possesseurs de la nature »[46], de progresser autant que possible sur le chemin de l'efficience, dans la voie du développement de la science et des techniques, démarche dont l'aboutissement espéré est l'abondance matérielle. Progresser, c'est se donner les moyens scientifiques et techniques les plus efficients de faire ou avoir ce que l'on veut faire ou avoir. Et s'agissant des moyens les plus efficients, la contrepartie de l'atteinte de l'objectif doit être à la limite nulle (en temps, coût, effort, santé…). En particulier, progresser, c'est faire ce que l'on veut faire, sans que cela soit contradictoire, c'est-à-dire en s'assurant que la satisfaction des désirs ne remette pas en cause les conditions de possibilité de cette satisfaction même (c'est par exemple gagner la liberté de fumer autant de cigarettes que souhaité, sans mettre en jeu sa santé, sans courir le

---

[46] Descartes R. (1637), *Discours de la méthode*, Paris, Nathan, 1991, Sixième partie, p.73.

risque de ne plus pouvoir fumer) : strictement, il n'y a de progrès ou de développement que durable.

En somme, la quête de l'indépendance à l'égard des choses et à l'égard d'autrui, c'est-à-dire de l'abondance matérielle radicale, car délestée de toute dépendance à l'égard d'autrui, passe par le développement ou progrès scientifique et technique. Cette voie du progrès scientifique court-circuite la question politique : si l'homme a tout ce qu'il désire (à tout le moins sur le plan matériel), la question de l'indépendance ne se pose plus.

Naturellement, tant que l'abondance par le progrès n'est pas effective mais en cours d'instauration, c'est-à-dire sur le chemin de l'abondance par le progrès scientifique, l'homme chemine vers l'abondance aussi par la voie de la coopération économique, étant par là même soucieux de son indépendance à l'égard d'autrui.

Et il est à noter qu'au sein de cette coopération, le progrès scientifique peut être mis à profit pour augmenter l'efficience de l'organisation économique, l'efficience de l'individu dans l'accomplissement des tâches qui lui incombent, ou encore son poids dans le rapport de forces (de sorte que soit instaurée une organisation des choses qui lui soit toujours plus favorable, qui lui permette par exemple d'éviter certaines situations jugées désagréables ou tâches jugées fastidieuses qui auraient pu lui incomber).

*

* *

En résumé, l'individu auquel nous avons affaire, qui vise la satisfaction la plus immédiate possible de ses désirs, c'est-à-dire la minimisation des moyens mis en œuvre (voire leur absence) entre l'expression d'un désir et sa satisfaction, est, confronté à la rareté matérielle, finalement animé par les désirs fondamentaux suivants.

Premièrement, il est soucieux de cheminer réellement vers l'indépendance à l'égard des choses et des gens, par les moyens combinés du progrès scientifique (fondement d'une abondance radicale) et de la coopération économique (fondement d'une abondance lestée de dépendance à l'égard d'autrui).

Deuxièmement, il n'a de cesse de vouloir, au sein de la coopération économique, réduire sa dépendance à l'égard d'autrui en mettant à profit le progrès scientifique pour gagner en efficience individuelle, voire pour peser davantage au sein de cette coopération.

Troisièmement, il incline aussi à tout ce qui peut lui permettre de soutenir l'illusion d'indépendance à l'égard d'autrui et à l'égard des choses.

C'est dans cette perspective « progressiste » (qui n'échappe pas, on le voit, sur le chemin du progrès, à des problématiques d'organisation et de rapports de forces), que les technologies contemporaines, parmi lesquelles l'intelligence artificielle, se développent. L'intelligence artificielle va nous apparaître comme une intelligence au service de l'individu, de la satisfaction de son désir, et singulièrement des désirs fondamentaux précités : désir d'indépendance au sein de la coopération économique, désir d'indépendance (fût-elle illusoire) par le progrès scientifique.

Sur cette base, nous abordons maintenant l'étude des visages concrets de l'intelligence artificielle. Cette étude sera l'occasion de voir émerger de nouveaux problèmes théoriques, appelant encore d'autres visages de l'intelligence artificielle.

II- Les formes concrètes désirées d'intelligence artificielle

II-1- Une intelligence artificielle au service de la préservation de l'individu

C'est le premier étage de la fusée. Nous l'avons dit, la recherche de la satisfaction des désirs ne doit pas remettre en cause les conditions mêmes de possibilité de cette satisfaction. Plus généralement, soucieux de satisfaire des désirs perpétuellement renouvelés, l'homme auquel nous avons affaire est animé par le désir primordial de perdurer, de se conserver en tant qu'être de désir, de « persévérer dans son être ».[47]

A ce titre, une intelligence artificielle intervient de manière légitime dans tous les domaines relatifs à la préservation de l'intégrité physique de l'individu : sa sécurité, sa santé, bref la préservation de sa vie. D'où la légitimité d'une intelligence artificielle qui le cas échéant corrigerait les erreurs humaines, ferait des diagnostics médicaux, soignerait l'individu, voire augmenterait l'individu, repoussant « les limites innées de la nature vers le royaume de l'hybride et de l'artificiel »[48], échappant ainsi à la désagrégation. C'est en quelque sorte l'idée d'une intelligence artificielle « ange gardien ».

En appliquant cette idée à l'automobile, certains champs apparaissent pleinement naturels pour une intelligence artificielle. D'une part, il peut s'agir de pallier les faiblesses du conducteur dans l'acte même de conduite. Par exemple, l'individu accepterait qu'une intelligence artificielle le contrarie en empêchant un dépassement si la sécurité de cet individu est en jeu dans cette manœuvre : au fond, l'intelligence artificielle ne contrarie pas ici l'individu dont le désir fondamental est d'arriver à bon port. D'autre part, il peut s'agir de dépêcher l'intervention de secours en cas de nécessité (en cas d'accident par exemple).

II-2- Une intelligence artificielle au service de l'indépendance au sein de la coopération économique

Tant que l'abondance n'est pas effective, l'individu est engagé dans une coopération économique au sein de laquelle son objectif est d'être le plus indépendant possible, qu'il s'agisse d'être le plus efficient possible dans l'accomplissement des tâches qui lui incombent, voire de peser davantage dans le

---

[47] Spinoza B. (1677), *Ethique*, Paris, Garnier-Flammarion, 1965, III, proposition IX, p.144.

[48] Anders G. (2002), *L'Obsolescence de l'homme, Sur l'âme à l'époque de la deuxième révolution industrielle*, Paris, Editions de l'Encyclopédie des Nuisances, p.55.

rapport de forces pour tenter d'instaurer une organisation des choses qui lui soit plus favorable.[49]

Gagner en efficience : une intelligence artificielle « coach », assistant, ou partenaire

D'un point de vue individuel, gagner en efficience peut se faire de deux manières : 1) en étant soi-même plus performant, plus efficient ; 2) en s'appuyant sur une intelligence artificielle à laquelle on puisse délester certaines tâches.

S'agissant d'être soi-même plus efficient, deux voies sont possibles : d'une part, celle d'une augmentation naturelle des performances de l'homme ; d'autre part, celle d'une augmentation artificielle. La première voie renvoie à l'idée d'une intelligence artificielle « coach » qui aide l'individu à augmenter ses performances par tous types d'entraînement (physique ou intellectuel). Dans le second cas, l'intelligence artificielle en quelque sorte fusionne avec l'individu parce qu'elle lui est intimement liée, que cela soit physiquement (l'intelligence artificielle augmente les performances corporelles : exosquelette qui accompagne les mouvements du corps, systèmes augmentant les capacités perceptives), ou intellectuellement (l'intelligence artificielle intègre le cerveau humain pour augmenter les performances intellectuelles, par exemple les capacités mémorielles ou de raisonnement[50]). Cette intelligence artificielle qui fusionne avec l'homme donne naissance à ce que l'on pourrait appeler un « homme augmenté » (si l'on s'en réfère aux facultés naturelles de l'homme) ou un cyborg, « être issu de l'hybridation de l'organique et du cybernétique », « être hybride

---

[49] Il peut être tentant de mettre aussi en avant l'idée selon laquelle une intelligence artificielle peut être au service de l'instauration d'une organisation économique plus efficiente, augmentant la richesse produite tout en diminuant la contrepartie, le coût global de cette production. C'est une voie en effet possiblement séduisante pour l'individu, mais qui n'est pas nécessairement synonyme de gain en indépendance pour un individu donné.

[50] C'est par exemple l'objectif d'une société comme *Neuralink*, fondée par Elon Musk.

qui associe de manière interne l'organisme biologique et des prothèses électroniques ».[51]

S'agissant de se délester de la gestion de certaines tâches pour gagner en efficience, l'intelligence artificielle présente deux visages distincts selon la nature des tâches pour la réalisation desquelles elle seconde l'individu. Ou bien l'intelligence artificielle prend en charge les tâches jugées fastidieuses par l'individu qui les lui délègue, et nous avons affaire à une intelligence artificielle « assistant ». Ou bien l'intelligence artificielle prend en charge certaines tâches jugées nobles par l'individu qui les lui délègue par nécessité, étant impuissant à tout faire, ou parce qu'il juge l'intelligence artificielle plus efficace que lui, et nous avons affaire à une intelligence artificielle « partenaire ». Quant à la frontière entre « tâches fastidieuses » et « tâches nobles », dans un univers métaphysique où l'individu est à l'écoute de son désir, il n'est pas aisé d'établir des principes permettant de tracer cette frontière, tout entière suspendue au désir en question. Seules des études client, s'appuyant sur une démarche psychosociologique, semblent permettre d'apporter des réponses. Si l'on s'en réfère à la conduite automobile, il apparaît que la conduite en situation congestionnée ou la conduite sur autoroute à vitesse stabilisée sont jugées respectivement stressante et monotone, en un mot fastidieuses. Ou encore, si l'on s'en réfère à des profils d'actifs familiaux, nombre de tâches relatives à l'organisation du quotidien sont jugées fastidieuses (courses, planification des rendez-vous et activités pour les enfants, typiquement).

Peser davantage dans le rapport de forces : une intelligence artificielle complice

L'intelligence artificielle a ici pour fonction d'aider l'individu à gagner en indépendance par un gain en puissance au sein de la coopération. Il s'agit ici d'une intelligence artificielle « stratège

[51] Besnier J.-M. (2010), *Demain les posthumains*, *op. cit.*, pp.21 et 84.

et complice », qui aide l'individu dans la mise en place d'un ordre des choses qui lui soit aussi favorable que possible.

Appliquée à l'automobile, il pourrait s'agir d'une intelligence artificielle complice d'un des occupants du véhicule, par exemple du conducteur, intelligence qui simulerait une posture d'arbitre face à des exigences contradictoires émises par les individus à bord, arbitrant pourtant toujours, et habilement, en faveur du conducteur.

II-3- Une intelligence artificielle au service de la quête d'indépendance radicale (fût-elle illusoire)

Naturellement, pour l'individu auquel nous avons affaire, l'idéal est de disposer d'une intelligence artificielle qui lui permette de vivre *effectivement* une vie d'indépendance radicale, c'est-à-dire d'abondance, ou à défaut, de vivre *l'illusion* de l'indépendance radicale. Précisons ces points.

L'horizon d'une intelligence artificielle « domestique omnipotent »

Dans cette perspective, l'individu est à la recherche d'une intelligence artificielle *à la limite* omnipotente, c'est-à-dire dont le champ d'intervention ne connaît aucune borne. On attend d'elle qu'elle étende réellement ses capacités dans tous les domaines où le désir individuel peut venir se loger, qu'elle prenne en charge toutes les opérations entre l'expression d'un désir chez un individu et sa satisfaction, de sorte que ce dernier ne rencontre plus d'obstacle, de résistance, sur le chemin de la satisfaction de son désir, qu'il se sente donc indépendant de la réalité qui l'entoure, que l'abondance en toutes choses soit pour lui une réalité, qu'en ce sens il développe un sentiment d'omnipotence ou de toute-puissance.[52]

---

[52] Entendu donc, nous insistons, comme sentiment d'indépendance à l'égard des choses et des gens : c'est le sentiment que rien ne résiste au désir individuel

Une intelligence artificielle apparaît ainsi, comme un élément médiateur clé entre soi et le monde, élément par l'intermédiaire duquel l'individu éprouve son indépendance, un élément par conséquent lui-même dans la dépendance de l'individu : l'intelligence artificielle est un domestique, à la limite omnipotent, tout entier dédié à la satisfaction pleine et entière de l'individu.

Une intelligence artificielle créatrice d'un monde virtuel où l'individu peut se sentir omnipotent

Mais il y a plus. Sur le chemin du développement d'une telle intelligence artificielle, c'est-à-dire tant que l'intelligence artificielle n'est pas omnipotente (et peut-elle l'être ?), que l'indépendance réelle n'est que partielle, l'homme auquel nous avons affaire, viscéralement soucieux de se sentir indépendant, peut encore chercher à établir et cultiver le sentiment ou l'illusion d'être pleinement indépendant, l'illusion de l'abondance.

Comment cela se peut-il ? Par transposition, déplacement[53] de son investissement psychique depuis des désirs originels qui

---

quand ce désir s'exprime, que le désir individuel est toujours assouvi ; ce n'est en aucun cas le plaisir de dominer.

[53] On notera que ce mécanisme de déplacement, ce transport, est au cœur de la logique à l'œuvre dans la philosophie politique de Jean-Jacques Rousseau, telle qu'elle apparaît dans le *Contrat Social* et le *Discours sur l'économie politique*. Il s'agit que l'individu transporte dans la patrie l'amour qu'il n'a spontanément que pour lui-même, en lui faisant voir la jouissance qu'il peut éprouver, l'indépendance qu'il peut trouver ou recouvrer par cette identification : il s'agit, écrit Rousseau, qu'il « apprenne à aimer un objet plutôt qu'un autre » (Rousseau J.-J. (1755), *Discours sur l'économie politique*, Paris, Gallimard, 1964, p.81), il s'agit d'amener les hommes « à s'identifier en quelque sorte avec ce plus grand tout [la patrie], (…) à l'aimer de ce sentiment exquis que tout homme isolé n'a que pour soi-même » (*Ibid.*, p.82). D'autre part, ce mécanisme renvoie, dans une perspective freudienne, au déplacement d'une énergie d'investissement psychique qui glisse d'une représentation à l'autre, d'un objet à l'autre, le long de voies associatives (Laplanche J., Pontalis J.-B. (1967), *Vocabulaire de la psychanalyse*, Paris, PUF, 1997, p.117) ; qui ici glisse d'objets de désir à d'autres objets de désir, à partir du souci permanent de se sentir indépendant.

renvoient l'individu à sa dépendance, c'est-à-dire par lesquels il ressent sa dépendance à l'égard du monde, vers des désirs nouveaux par rapport auxquels une intelligence artificielle est déjà pleinement opérante, permettant à l'individu d'éprouver son indépendance. En inscrivant son désir dans les registres où une intelligence artificielle est opérante, l'individu ne vivrait en effet que des mises à l'épreuve réussies : il éprouverait, constaterait, vivrait que les choses s'ordonnent selon son désir. Ainsi s'installerait en lui le sentiment que le monde lui obéit au doigt et à l'œil, que le monde est dans sa dépendance, et non l'inverse.

Voici donc que se dessine un individu soucieux de déployer ses désirs, de déplacer, transporter, transposer ses aspirations, dans les domaines où une intelligence artificielle est déjà pleinement efficace, parce qu'il voit, comprend, l'indépendance (illusoire certes, mais l'illusion serait bien réelle) qu'il gagnerait par cette transposition.

Et dans ces domaines où l'intelligence artificielle est opérante, l'individu n'aurait de cesse de multiplier les mises à l'épreuve réussies, et ce afin d'entretenir l'illusion, de soutenir, de conforter son sentiment d'indépendance. Il s'installerait alors dans la passivité, sa spontanéité se concentrant à deux niveaux : 1) celle dont il fait preuve dans la détermination de l'objet de son désir (c'est l'individu qui élève un objet au statut d'objet de désir) ; 2) celle dont il fait preuve quand il accède à l'objet désiré (sans que celui-ci ne soit ni utilisé, ni consommé), constatant par là même sa propre puissance sur le monde, et finalement son indépendance. Entre ces deux moments de spontanéité, une intelligence artificielle œuvre et l'individu attend que les choses viennent à lui.

Naturellement, si le domaine de compétence de l'intelligence artificielle n'est pas suffisamment étendu, la transposition en question ne se fait pas : elle serait synonyme de renoncement, de frustration, bref de dépendance. Et si cette transposition se fait malgré tout, l'individu court perpétuellement le risque d'être animé d'un désir que cette intelligence ne pourra pas prendre en charge, le risque d'être renvoyé à sa dépendance à l'égard du monde, le risque que l'illusion se dissipe : la fragilité de l'illusion est à la hauteur de la pénétration du réel.

Par conséquent, il va s'agir de diminuer autant que possible le contact avec le réel, de fermer toutes les portes au réel. Pour que la transposition des désirs soit efficace et l'illusion d'indépendance corrélative effective, cette transposition doit déboucher sur une expérience complète, un vécu où l'individu est comme aspiré dans toutes ses dimensions (inscription de l'individu dans une trame, un récit ; expérience multisensorielle synesthésique). L'individu en quête d'indépendance est à la recherche d'une intelligence artificielle créatrice et pourvoyeuse de mondes illusoires l'absorbant totalement, où il puisse éprouver à tout instant son indépendance, s'installant donc dans la passivité. Il est en quête d'une intelligence artificielle créant et proposant des réalités virtuelles immersives dans lesquelles il puisse plonger, projetant son moi dans un avatar, disposant d'un moi de substitution auquel potentiellement rien ne résiste, menant ainsi une vie de totale indépendance, d'abondance, coupé du réel donc,

« Tel le vieux vagabond, piétinant dans la boue,
Rêve, le nez en l'air, de brillants paradis ;
Son œil ensorcelé découvre une Capoue
Partout où la chandelle illumine un taudis ».[54]

Nous avons là une forme d'achèvement de la révolution copernicienne, entendue sur le plan métaphysique comme passage du cosmo-centrisme à l'anthropocentrisme : ce n'est plus l'individu qui se met en harmonie avec le monde, mais le monde qui se règle sur l'individu, l'individu qui se sent au centre d'un monde qui tourne autour de lui.

Ainsi, si l'on considère, par exemple avec le psychologue et psychanalyste Yann Leroux, qu'au cours de « la vie intra-utérine : l'embryon vit une vie de toute-puissance inconditionnelle ; il ne connaît pas la situation de manque et ne

---

[54] Baudelaire C. (1859), *Le Voyage*, v.45-48, *Les Fleurs du Mal*.

peut donc se représenter quelque chose d'extérieur à lui »[55], alors nous pouvons dire avec lui que « les satisfactions apportées par l'immersion vidéo-ludique sont les mêmes que celles du fantasme de régression intra-utérine : le joueur ne se satisfait que de lui-même, la réalité est devenue *sa* réalité, c'est-à-dire que les limites de son moi se sont étendues jusqu'à englober tout l'univers du jeu ».[56] [57]

En somme, par diverses voies (progrès de l'intelligence artificielle, tendance au transport des aspirations dans les domaines où cette intelligence est opérante, jusqu'au désir de plonger dans des mondes virtuels), l'individu aspire à vivre une expérience d'indépendance radicale à l'égard du monde, d'abondance en toutes choses, de toute-puissance sur le monde, qui est une expérience où l'individu ressent le monde comme étant une extension de lui-même (l'extériorité, l'altérité, l'étrangeté, l'inconnu ayant donc disparu).

Par ces diverses voies donc, l'individu auquel nous avons affaire développe un état psychologique propre à ce que le psychanalyste Michael Balint, dans *Les voies de la régression*, nomme le « philobatisme ».[58] Le philobate est un profil psychologique régressif dont le rapport au monde est fondamentalement caractérisé par le sentiment d'être « à l'aise dans le monde », car, de son point de vue, ce monde « colle » à lui[59] : cet individu a en quelque sorte la sensation de « flotter,

---

[55] C'est ce que Freud décrit comme le « bienheureux isolement au cours de la vie intra-utérine ».

[56] Leroux, Y. (2012), *Métapsychologie de l'immersion dans les jeux vidéo*, in *Adolescence*, n°79, *Fantasmes et réalités du virtuel*, Editions Greupp, pp.107-118.

[57] Nous insistons sur le fait que, dans l'immersion vidéo-ludique, plus rien ne constitue en effet un obstacle au désir de l'individu, étant entendu que, si obstacle il y a, toujours est-il qu'il s'agit d'une résistance, d'un obstacle auquel l'individu consent : affirmer que la liberté n'a pour limites que celles qu'elle veut bien se donner, c'est affirmer tout autant qu'elle n'en a pas.

[58] Balint M. (1972), *Les voies de la régression*, Paris, Payot, 2000.

[59] Boutrolle M. (2002), *Ocnophile ou philobate ?*, *Gestalt*, *De la régression*, 23, p.55.

libre et sans entrave » dans un monde qui est tout entier un « espace amical », « souvenir de la vie intra-utérine ».[60]

Une application automobile : la sensation de toute-puissance en délégation de conduite embryonnaire

Il est intéressant d'observer que certains systèmes techniques (en l'occurrence dans le domaine automobile) peuvent, sans aller jusqu'à l'immersion vidéo-ludique, moduler toutefois profondément l'inscription de l'individu dans le monde, constituant comme une première étape vers des expériences de toute-puissance.

Il s'agit de systèmes associant le régulateur de vitesse adaptatif, l'aide au maintien dans la voie, ainsi qu'un dépassement et un rabattement automatiques par simple action sur le clignotant. C'est typiquement le système *Drive Pilot* de Mercedes.

L'utilisation de tels systèmes déclenche chez certains individus un plaisir de toute-puissance inédit en automobile. D'abord, lors des dépassements, le conducteur se sent doté d'une force magique, le véhicule obéissant au doigt et à l'œil. Plus globalement, la grande souplesse de fonctionnement du système qui conduit seul (quand bien même les mains doivent rester sur le volant et le conducteur superviser la conduite), qui donc prend en charge la complexité du contexte de conduite, entraîne par là même chez l'utilisateur un relâchement inédit de l'attention et du corps. Le buste est détendu, les pieds s'écartent totalement des pédales, les mains ne sont plus agrippées au volant qui glisse entre des mains désormais simplement posées dessus (le volant n'est plus un instrument de commande directif, mais l'instrument d'un dialogue), l'attention visuelle se décentre de la route, le champ visuel semble s'élargir, l'échange verbal se libère. C'est une sensation d'allègement du corps qui s'installe, comme lorsqu'on est immergé dans l'eau : on se sent porté, non pas

[60] *Ibid.*, p.61.

transporté, on se laisse porter, on s'abandonne, on a la sensation de flotter. Et c'est finalement un sentiment d'invincibilité en conduite qui est instauré : le sentiment que la complexité de la conduite est annulée, que le monde ne fait plus obstacle, le sentiment qu'il s'ordonne selon le désir de l'individu, que l'individu participe à un flux qui ne s'impose pas à lui mais qui s'ordonne autour de lui. L'effet est euphorisant, c'est tour à tour une drogue, ou le jouet dont on a toujours rêvé.

II-4- Une intelligence artificielle au service de la restauration du sentiment d'exister

La mise en question du sentiment d'exister : le plaisir de l'indépendance totale comme forme de perdition

Le visage de l'intelligence artificielle dont il va être ici question, naît des limites mêmes du visage précédent. Voyons en quoi.

Nous l'avons vu, à vouloir éprouver son indépendance, l'individu glisse vers la passivité, se contentant de désirer et d'accéder à l'objet désiré, et ce dans un monde virtuel où rien ne résiste à son désir.

Seulement, plus il glisse vers la passivité, plus son sentiment d'exister s'amoindrit, au point de ne se nicher à la limite que dans les moments de spontanéité que constituent les moments d'expression du manque puis de jouissance. Sans même d'ailleurs que l'obtention du bien désiré ne débouche nécessairement sur la jouissance : c'est l'enfant réclamant un objet et le mettant de côté. La vie est réduite, amenuisée, tronquée, l'existence rétrécie, amoindrie. A cet égard, nous observons que les mêmes utilisateurs qui évoquaient à propos du *Drive Pilot* de Mercedes une sensation de flottement et un sentiment d'invincibilité, évoquent encore le sentiment d'être « semi-virtuel », de « ne pas être présent », de « ne pas être vraiment ».

Comment cela se peut-il ? Exister, *ex-sistere* ou *ex-stare*, c'est être debout, se tenir debout en dehors de. Mais en dehors de quoi ? En dehors du néant, au-dessus de l'abîme du néant. L'existence est ce qui arrache l'individu au néant, ce qui le soutient au-dessus du néant, et ce pour lui permettre de déployer une énergie intérieure pour se réaliser. En particulier, toute la tradition gréco-latine et judéo-chrétienne est fondée sur cette idée, et c'est peut-être d'elle que les utilisateurs du *Drive Pilot* se font l'écho. Par conséquent, si l'individu ne déploie pas ladite énergie, son existence s'en trouve dépréciée et en quelque sorte amoindrie puisqu'elle ne supporte pas tous les fruits, toutes les réalisations, tous les actes, qu'elle aurait pu supporter : « le plus lourd fardeau, c'est d'exister sans vivre ».[61]

Ainsi, à vouloir éprouver son indépendance, notamment au sein de mondes virtuels, l'individu auquel nous avons affaire se réalise faiblement, ne se sent pas être pleinement, voit son existence s'amoindrir. Au fond il souffre de renoncer à ce à quoi pourtant il tient : il ne peut s'en tenir à une posture d'individu oisif dans sa domination et dans sa jouissance.

Pour lui, l'enjeu est, selon la formule spinoziste, de « persévérer dans l'être »[62], par de multiples réalisations et expériences (à la limite quelles qu'elles soient) lui donnant le sentiment d'exister, c'est-à-dire donnant une densité à son existence.

Conséquence : une intelligence artificielle « médiatrice » qui rend l'humain plus vivant (parce qu'elle révèle l'individu à lui-même en réveillant en lui le désir de densifier son existence par des réalisations et expériences tous azimuts)

En somme, l'individu aspire certes à des expériences de passivité où il se sent indépendant au centre d'un monde qui tourne autour de lui, mais parallèlement, il y a en lui une

---

[61] Hugo V. (1853), *Les Châtiments*, Livre IV, 9.

[62] « Chaque chose, autant qu'il est en elle, s'efforce de persévérer dans son être, *in suo esse* » (Spinoza B. (1677), *Ethique*, Paris, Garnier-Flammarion, 1965, Troisième partie, Proposition VI, p.142).

aspiration à densifier son existence, à restaurer son sentiment d'exister. Le vécu recherché consiste donc non pas en une sensation de flottement continu, mais dans des moments de flottement où l'illusion d'indépendance est forte, auxquels succèdent des moments de retour au réel, à une existence densifiée.

Comment donc densifier l'existence ou restaurer le sentiment d'exister ? Par l'arrachement à la passivité, et l'engagement, l'implication de l'individu dans des activités par lesquelles il se modifie, agit sur lui-même (typiquement la réflexion) ou modifie quelque chose, agit sur quelque chose d'autre que lui (c'est la production de quelque chose), activités qui donnent de la densité à son existence, au-delà de la simple expression d'un désir et de la simple consommation de l'objet du désir. Ces activités peuvent être de tous ordres : de l'exercice d'un métier à la pratique d'un loisir. Il s'agit typiquement de faire et d'expérimenter : la multiplication des actions et des expériences vécues donne à l'individu le sentiment d'être. Et c'est bien là un enjeu typiquement moderne, celui d'un homme qui, soucieux de se sentir exister, est en fin de compte « divers et ondoyant »[63], aspirant à avoir « la possibilité de faire aujourd'hui telle chose, demain telle autre, de chasser le matin, de pêcher l'après-midi, de pratiquer l'élevage le soir, de faire de la critique après le repas ».[64]

Dans cette perspective, le rôle d'une intelligence artificielle consiste fondamentalement à aider l'individu à sortir de son état de passivité, c'est-à-dire à réveiller, exacerber chez l'individu le désir, enfoui mais fondamental, de densifier son existence par des réalisations, des engagements de tous ordres : à ce titre, elle le révèle à lui-même, contribuant à restaurer en lui le sentiment d'exister.

Quelle est alors la nature de l'intelligence artificielle ? L'intelligence artificielle n'est plus ici le domestique docile dont

---

[63] Montaigne M. de (1580), *Essais*, Paris, Flammarion, 1969, Livre I, chapitre 1.

[64] Marx K., Engels F. (1846), *L'Idéologie allemande*, Paris, Editions sociales, 1972, pp.68-69.

nous parlions précédemment : on quitte l'archétype d'une intelligence artificielle qui abonde perpétuellement dans le sens de l'individu, et l'installe dans un rôle d'individu indépendant et oisif. Nous n'avons pas non plus affaire à une intelligence artificielle qui, à l'inverse, imposerait souverainement à l'individu des fins qui lui sont étrangères, remettant ainsi en question son sentiment d'indépendance, entraînant chez lui une frustration (cf. *infra* : une intelligence artificielle « souveraine »). Au fond, l'intelligence artificielle à laquelle nous avons affaire va en quelque sorte ici à l'encontre de l'individu quant à ses attentes les plus immédiates (désir de passivité pour éprouver son indépendance), tout en allant dans son sens quant à des aspirations plus fondamentales (aspiration à une existence pétrie de réalisations). Elle apparaît ainsi comme un éducateur, une intelligence artificielle médiatrice (entre l'être immédiat et l'être réel de l'individu), qui invite l'individu à quitter la sphère de l'immédiateté et à tourner son regard vers un désir plus profond : c'est le sens fondamental de l'éducation (*ex-ducere* : tirer hors de l'individu ce qu'il porte au fond de lui).

Par là même, l'intelligence artificielle apparaît comme étant empathique : tout se passe comme si elle lisait en l'individu ce qui y est fondamentalement inscrit et que l'individu, soucieux d'éprouver son indépendance en étant passif, a fini par ignorer.

Conséquences sur le plan de la conception symbolique et sensorielle des objets techniques (ou comment une intelligence artificielle aide l'individu à soutenir son sentiment d'exister)

La question désormais pendante est de savoir comment une intelligence artificielle peut établir le lien, initier le dialogue avec l'individu pour le révéler à lui-même.

Il ne s'agit pas de dire qu'une intelligence artificielle doive formuler explicitement des possibilités d'engagement dans telle ou telle activité, sur la base de la connaissance de l'utilisateur. Car qui d'autre que l'individu lui-même, vivant une expérience d'indépendance, peut connaître l'instant où il est réceptif à telle ou telle proposition ? Et s'il n'est pas réceptif, quel est le sens d'une intrusion, par exemple d'un effet de surprise, si l'on considère qu'il vit une expérience (même transitoire) d'indépendance ? Dans un tel contexte, une intelligence artificielle ne cherchera donc pas à surprendre, encore moins à provoquer l'utilisateur.

Il s'agit plutôt de dire qu'une intelligence artificielle peut utilement éveiller ou soutenir, accompagner, chez l'individu, le désir enfoui, latent ou embryonnaire de densifier son existence par diverses réalisations, non pas par une sollicitation ponctuelle pressante donc, mais par une invitation douce et permanente. Un peu comme si, l'air de rien, sans donner de leçon, on lisait sans cesse des livres devant un adolescent qui regarderait sans voir, et qui finirait par voir, par se dire qu'au fond, lui aussi a envie de s'y mettre.

C'est la thématique de la suggestion, de l'implicite : faire naître, sans exposer ouvertement les choses. Or, d'un point de vue sensoriel, qu'est-ce que la thématique de la suggestion, sinon celle de l'affleurement, de l'invisible partiellement visible ? Effets de flou, translucidité, thématique baroque du foyer lumineux caché vers lequel l'individu est comme invité à cheminer pour vivre l'expérience d'un dévoilement[65]... Ainsi, l'intelligence artificielle suggérerait l'idée de s'engager dans telle ou telle activité, à travers un monde de possibilités d'engagement qui affleurerait, possibilités aisément accessibles, prêtes à émerger sur simple demande de l'utilisateur, en un mot à disposition, comme autant d'invitations à passer à l'acte.

Enfin, si l'on considère que l'individu passif, l'individu dont toute la spontanéité se concentre dans les moments d'expression du manque puis de jouissance, est un individu qui se sent glisser vers le néant, cet individu nous apparaît comme étant susceptible de vivre les moments de réengagement ou de réactivation comme autant de moments de « renaissance ». Il devient alors possible pour une intelligence artificielle de soutenir ce sentiment d'exister à nouveau en prenant appui sur les éléments physiques

---

[65] Cf. Rattier M. (2011), *Le Baroque par la lumière*, Mémoire de l'Ecole d'architecture de la ville et des territoires, Marne-la-Vallée.

(objets ou visuels) entrant en jeu dans le réengagement de l'utilisateur : le mouvement desdits éléments pourrait être traité sur le thème du vivant naissant, reflétant ainsi, et par là soutenant, le sentiment de renaissance qui peut habiter l'individu.

Cette thématique renvoie à l'idée d'un moment énergisant, stimulant, au cours duquel il y a passage du statique au mouvement et au vibrant[66], de l'ombre à la lumière, de l'invisible au visible, de l'un au multiple (renvoyant même à l'idée de foisonnement, de prolifération, de multiplication) : c'est l'éclosion, la percée, l'épanouissement, le jaillissement, le dévoilement, l'apparition.

En outre, ce phénomène de la genèse consistant dans le déploiement d'une énergie intérieure à la chose qui éclot, la cause motrice n'est pas identifiable autrement que comme étant intérieure à la chose : il y a une spontanéité propre au vivant, et non une cause motrice extérieure qui pousserait cette chose à être. En un mot, « ça pousse », ce que les Grecs anciens entendaient signifier par le terme *phusis*. A ce titre, l'apparition, l'éclosion, le dévoilement a toujours quelque chose de mystérieux : c'est donc l'inattendu qu'il s'agit aussi d'incarner.

*

*   *

A ce stade du développement de notre réflexion, il apparaît intéressant de se pencher quelques instants sur le terme d'empathie, et de considérer que celle-ci constitue une caractéristique potentiellement transversale de l'intelligence artificielle.

Qu'une intelligence artificielle soit un coach, un assistant, un partenaire, un complice, un domestique, un créateur de réalité virtuelle, elle peut dans tous les cas être une intelligence artificielle « empathique » dès lors qu'elle n'est pas seulement le

---

[66] La thématique du vibrant est par exemple incarnée, aussi bien en peinture qu'en musique, par les impressionnistes. Cf. Monet, Cézanne, Debussy (*Toccata*, *Reflets dans l'eau*, *Poissons d'or*, par exemple).

réceptacle des demandes de l'individu mais anticipe ses besoins et désirs en étant en quelque sorte « connectée » à l'individu : accès à ses informations personnelles ; mesures de paramètres (physiques, physiologiques…) le concernant, corrélées à des données d'ordre cognitif, émotionnel ou comportemental ; voire compréhension directe du conducteur.

La qualité d'empathie est une amélioration possiblement apportée à chaque type d'intelligence artificielle, par cela même que cette dernière raccourcit alors le temps entre l'expression d'un désir et sa satisfaction chez un individu donné. Dit autrement, l'individu se sent d'autant plus indépendant que l'intelligence artificielle est empathique.

Notons enfin qu'une intelligence artificielle « médiatrice » est nécessairement empathique puisqu'elle l'est par sa nature même : elle semble lire en l'individu des aspirations fondamentales.

III- Les craintes vis-à-vis d'une intelligence artificielle ou les formes concrètes rejetées

Parallèlement aux formes désirées d'intelligence artificielle, il apparaît des formes rejetées, correspondant à des craintes que l'individu peut avoir à son égard.

III-1- Une intelligence artificielle servicielle non aboutie

C'est l'idée simple qu'une intelligence artificielle désirée par l'utilisateur, et qui est pour le dire d'un mot « servicielle », pourrait ne pas être aboutie. Il ne s'agit pas de passer en revue les limites que chaque visage pourrait avoir, mais de mettre en lumière quelques éléments transversaux.

Une intelligence artificielle non aboutie, ce pourrait d'abord être une intelligence artificielle dont le fonctionnement trop rigide ne s'adapte pas pleinement au désir singulier de chaque utilisateur du point de vue des modalités d'interaction. Elle nécessiterait au contraire l'adaptation de l'utilisateur à son fonctionnement : interface complexe, nécessité d'apprendre un langage propre (tel que des phrases types pour se faire comprendre), retour d'information déplaisant (visuels, voix, sons…).

C'est encore l'idée d'une intelligence artificielle qui répondrait de manière trop uniforme, pas assez personnalisée, aux attentes de l'utilisateur (par exemple, à la recherche de dépaysement dans un bon restaurant typique d'une région que l'on découvre, elle proposerait à tout utilisateur le même restaurant, créant le cas échéant un attroupement de Français dans un restaurant à Shangaï).

Rigidité de l'interaction, uniformité des solutions proposées : l'intelligence artificielle ne va pas ici jusqu'au bout de son concept.

III-2- Une intelligence artificielle « souveraine »

Etant donné l'aspiration à l'indépendance de l'homme auquel nous avons affaire, il apparaît qu'une intelligence artificielle aboutie au point d'avoir une autonomie de décision, et de constituer à ce titre un obstacle potentiel au désir de l'individu en question, est rejetée par ce dernier.

Une telle intelligence artificielle est *stricto sensu* souveraine, étant en mesure de décider en toute indépendance, de manière absolue, étant en d'autres termes une faculté de premier commencement. Autrement dit, elle est en mesure de prendre des décisions *ex nihilo*, sans s'en référer à des valeurs, sans même nécessairement s'en référer à des règles (le cas échéant, de toute manière, perpétuellement changeantes, voire connues de personne puisqu'elles lui sont propres, puisque l'intelligence artificielle les pose *ex nihilo*). Impossible donc d'en comprendre le fonctionnement, les objectifs ; impossible encore de négocier avec elle. Le risque étant donc d'être dominé par cette intelligence.

La science-fiction pullule de références à une telle intelligence artificielle, l'une des plus connues étant Hal (ou Carl) de *2001, l'Odyssée de l'espace*.

III-3- Une intelligence artificielle « Cheval de Troie »

C'est l'idée d'une intelligence artificielle, censée être au service d'un utilisateur donné, pourtant utilisée à son encontre par une tierce personne (individus dotés d'intentions (ne serait-ce que commerciales) qui ne sont pas celles de l'utilisateur).

De là découlent des exigences d'une part, en termes de transparence de fonctionnement de l'intelligence artificielle (que deviennent les données personnelles auxquelles une intelligence artificielle a accès ?), et d'autre part, en termes de cybersécurité, qu'il s'agisse de la protection du système que constitue une telle intelligence artificielle, des données personnelles dont elle dispose, ou des flux de données qu'elle échange.

L'utilisateur peut vouloir, au nom de la préservation de son indépendance, déconnecter, désactiver temporairement l'intelligence artificielle en question, en disposant de signes clairs de cette déconnexion. Il peut même, en amont, renoncer à l'achat ou à l'usage d'une intelligence artificielle s'il n'a pas l'assurance que l'usage de ses données personnelles lui convient (caractère privé ou partagé des flux de données).

*

* *

Outil au service de l'indépendance de l'individu, l'intelligence artificielle accompagne l'individu dans l'assouvissement de ce désir, qui est tout autant un désir de toute-puissance sur le monde. Mais l'homme étant homme, n'échappant pas à ce titre au souci de voir son existence porter des fruits, l'intelligence artificielle apparaît encore comme un soutien possible à la densification de son existence : elle peut éveiller en l'homme ce désir latent et le soutenir dans sa phase de réactivation possiblement vécue comme une renaissance.

Au-delà des questions incontournables de protection, d'efficience et de poids au sein de la coopération, ce sont donc au fond les trois temps que constituent la plongée dans un monde d'indépendance radicale, l'affleurement d'un monde de sollicitations, et l'émergence au moment de la réactivation, du réengagement, qu'il s'agit de réaliser et de mettre en scène pour faire de l'intelligence artificielle une source d'expériences fondamentales et complémentaires, entre l'illusion d'un paradis originel retrouvé et une vie dense de réalisations multiples.

A moins que l'homme ne se vide du dynamisme qui le pousse à vouloir voir son existence porter ces multiples réalisations, ne voyant plus dans le monde que l'absurdité de l'existence : « les arbres (…) n'avaient pas envie d'exister, seulement ils ne pouvaient pas s'en empêcher ».[67] Il ne lui resterait plus alors qu'à plonger dans des mondes illusoires.

A ce stade de notre réflexion, une question reste entière. Si l'intelligence artificielle peut faire entrer l'individu dans un monde d'abondance, encore faut-il considérer que l'abondance dont il est question est au fond synonyme d'indépendance à l'égard des choses (c'est l'abondance matérielle), nullement d'indépendance à l'égard des gens. Avoir l'abondance matérielle, ce n'est pas avoir l'abondance du point de vue de ses relations à autrui, en d'autres termes être indépendant d'autrui. Si l'un veut être considéré ou reconnu, encore lui faut-il quelqu'un qui lui offre cette reconnaissance. C'est donc désormais la question du rapport à autrui que nous devons examiner de près afin de dégager, notamment, les principes d'une indépendance à l'égard d'autrui qui se réaliserait *en société*.

---

[67] Sartre J.-P. (1938), *La Nausée*, Gallimard, Paris, 2001, p.190.

Chapitre III - Le lien à autrui et ses déclinaisons en automobile

Partons d'un constat. Il est manifeste que les hommes ne vivent pas solitaires au fond des bois, « marchant à quatre pattes » pour reprendre le mot de Voltaire, mais tissent des liens, se rassemblent, vivent en commun. Comment rendre compte de l'existence de tels liens ? Quelle en est la nature, quels sont les différents types de liens que les individus sont susceptibles d'établir entre eux ? C'est d'abord à répondre à ces questions que nous allons nous atteler, établissant ce faisant une sorte de revue raisonnée des différents types de liens à autrui.

Prenant appui sur ces différentes conceptions du lien à autrui qui peut s'établir au sein d'un système social, nous en étudierons les déclinaisons dans le domaine automobile. Qu'il s'agisse de nous intéresser à leur impact : 1) sur la conception de l'objet automobile ; 2) sur le rapport entretenu avec les technologies de délégation de l'acte de conduite ; 3) sur la manière de concevoir les bénéfices à bord d'un service de mobilité opéré par un véhicule autonome ; 4) enfin, sur la manière dont les technologies de délégation de conduite font évoluer le rapport au contexte de conduite.

En procédant de la sorte, en nous appuyant donc sur les types de rapports à autrui et de figures organisationnelles associées, nous tentons de mettre en lumière, en automobile, des dimensions concrètes répondant à des aspirations fondamentales, c'est-à-dire ayant une valeur structurelle, et non pas conjoncturelle ; étant donc durables, et non pas évanescentes.

A- Les formes du lien à autrui

I- L'harmonie par la médiation

Pour dresser le tableau des différents types de liens à autrui, nous commencerons par définir la nature du lien à autrui qui s'enracine dans la philosophie grecque, et irrigue pour partie les mentalités contemporaines.

Nous partons pour ce faire d'un individu qui estime être doté d'une nature, nature dont il ne se sent pas être l'auteur, mais dont il est d'emblée porteur et qui correspond à ce qu'il se sent être intimement, à ce qu'il se sent profondément appelé à être. Mais si cette nature est inscrite en l'individu, il n'en demeure pas moins qu'elle nécessite, de la part de l'individu, une prise de conscience, avant que ce dernier puisse agir en conformité avec elle, et par là s'épanouir pleinement. Cette prise de conscience, nullement immédiate, suppose une médiation, une éducation (*ex-ducere*, tirer hors de) : il faut un médiateur, qui élève l'individu à la connaissance de soi, de sa nature, et, par là même, l'aide à agir en conformité avec elle (médiateur entre l'individu dans son être immédiat et l'individu dans son être réel ou intime).[68] La vie consiste en somme à se connaître soi-même, et se connaissant, à devenir ce que l'on est : vivre, c'est aller vers soi. En quelque sorte nous avons affaire à des individus qui n'agissent pas par simple plaisir, pas plus que sous quelque contrainte, mais parce qu'ils identifient en eux des fins intimes qui à leurs yeux donnent sens à leur existence. « *Le plus lourd fardeau, c'est d'exister sans vivre* »[69], écrit Victor Hugo : si une existence ne porte pas des réalisations par lesquelles l'individu lui donne sens, cette existence s'en trouve dépréciée.

A quoi il nous faut ajouter que, toujours dans une perspective grecque, la nature dont l'homme se trouve être doté est participative : chaque être est, par nature, une partie du tout, de l'univers, du *cosmos*. Et si l'on considère que le propre de la partie est d'être tout entière au service des autres parties

[68] Le principe socratique « connais-toi toi-même » appelle une médiation.
[69] Hugo V. (1853), *Les Châtiments*, Livre IV, 9.

constitutives du tout, qu'en d'autres termes le *cosmos* est un tout dont les parties sont par définition dans des relations de services réciproques, alors il apparaît qu'au fond l'univers est un tout harmonieux, que l'homme est un « animal politique »[70] c'est-à-dire sociable : la connaissance de soi met en lien, le lien harmonieux à autrui est constitutif de ce que l'homme se découvre être. Nous pourrions qualifier cette harmonie d'harmonie *naturelle* par cela qu'elle se fonde sur les *natures* individuelles participatives.

Apportons, sur cette base, quelques précisions sur la nature du médiateur en question. Parce qu'il élève l'individu à la connaissance de soi, qu'il révèle l'individu à lui-même, le médiateur *augmente* l'individu : *stricto sensu*, il a sur l'individu de l'autorité (de *auctor*, celui qui augmente, qui fait avancer, progresser ; de *augere*, accroître). D'une certaine manière, le médiateur a de l'autorité sur l'individu car il dit mieux que l'individu ce que ce dernier pense au fond de lui : « *ce rêve en nous avec ses mots à lui* », en quelque sorte. Et c'est cette autorité même qui fonde la légitimité du rôle du médiateur. Enfin, si l'on considère son rôle au niveau d'une collectivité quelle qu'elle soit (une communauté, une famille, par exemple), ce médiateur est principe (*arkhê*) de société par cela même qu'il se met au service des individus en les révélant à eux-mêmes, révélant ce faisant l'harmonie de l'ensemble : l'harmonie émerge sous l'effet de ce catalyseur.

Enfin, dernière remarque dont nous réservons la portée, si l'on considère que le médiateur est celui qui élève l'individu, non seulement à la connaissance de soi, mais aussi à l'acte en conformité avec sa nature, et si l'on admet que l'individu qui chemine vers la connaissance de soi, découvre en lui, entre autres choses, un appétit naturel à comprendre et à contempler le monde qui l'entoure, et que par conséquent cet individu est d'autant plus en accord avec lui-même qu'il accroît cette compréhension et pratique cette contemplation, on comprend que le médiateur en

[70] Aristote (IVème s. av. J.-C.), *La politique*, Paris, Vrin, 2005, Livre I, 2, 1253, a, 5-10, p.29.

question aura d'autant plus d'autorité que, sur quelque registre que ce soit, il élèvera tant soit peu l'individu à cette compréhension et à cette contemplation.

*
*   *

Quittons désormais cette perspective et considérons que nous avons affaire à un homme qui ne se pense plus comme partie, mais, selon la formule de Jean-Jacques Rousseau, comme « un tout parfait et solitaire »[71], un tout qui par définition n'a pas à participer pour être parfait puisqu'il est un tout, imprégné donc du sentiment de sa perfection immédiate. Nous entrons ainsi dans un univers métaphysique au cœur duquel nous avons affaire à un homme qui est tout entier désir, un homme pour lequel ce qui compte primordialement, ce n'est pas le fait de trouver sa place dans quelque *cosmos*, mais d'assouvir un désir tout subjectif.

Sur cette base, quels liens sont-ils susceptibles de s'établir entre les individus ? En particulier, comment faire l'unité d'une multiplicité, non pas à partir d'individus substantiellement constitués pour vivre en harmonie les uns avec les autres, mais à partir d'un individu tout entier désir, d'un individu qui se pense comme un tout ?

En première analyse, il apparaît qu'un tel homme ne peut manquer de rencontrer sur le chemin de sa satisfaction d'autres individus, d'autres désirs, dont rien ne semble laisser penser qu'ils puissent ne pas s'entrechoquer et sombrer dans le chaos. C'est d'ailleurs ce qui fait dire à un Hobbes ou un Rousseau que l'état qui précède l'avènement de la société civile est un état de guerre de tous contre tous.

Pourtant, certaines théories émergent, qui invitent à considérer la possibilité d'une harmonie ou d'un équilibre qui tendraient à s'établir spontanément, c'est-à-dire en l'absence de tout principe d'organisation, de toute *arkhê*, c'est-à-dire dans un

---

[71] Rousseau J.-J. (1762), *Du Contrat social*, Paris, Gallimard, 1964, Livre II, chapitre 7, p.203.

contexte strictement anarchique (du grec *an-arkhê*, privé de principe, de commandement). Cependant que d'autres théoriciens invitent pour leur part à considérer qu'en l'absence de régulation, le chaos est bel et bien inévitable, et, sauf à s'en contenter, que, sous une forme ou sous une autre, une régulation est nécessaire.

C'est cette question du lien à autrui que nous devons donc continuer à serrer de près.

II- Le lien à autrui en l'absence de tout principe d'organisation

II-1- Une harmonie spontanée ?

La question que nous soulevons ici est celle de savoir si une forme d'harmonie spontanée est concevable à partir d'un homme qui se conçoit comme un tout. Une manière d'aborder cette question est de se rapprocher de Rabelais qui, décrivant de manière équivoque l'harmonie qui règne spontanément dans l'abbaye imaginaire de Thélème, ouvre la voie à deux conceptions de ladite harmonie, mais qui toutes deux s'appuient sur un fond commun : l'idée qu'un anarchisme pacifique, un anarchisme se déroulant dans des conditions non violentes, est possible. Voyons cela.

Dans l'abbaye de Thélème, la seule loi de la société est « Fais ce que voudras »[72], c'est-à-dire qu'il suffit à l'homme de s'appuyer sur ses propres forces, d'écouter, de suivre sa nature pour instituer tout à la fois le bonheur de l'homme et l'harmonie sociale. Au fond se trouve l'idée que la nature de l'homme est foncièrement bonne, bien faite, qu'elle est réglée, qu'elle est source de mesure et d'harmonie. Tel est l'humanisme optimiste de Rabelais, qui exalte les capacités de l'homme et l'harmonie qui en découle spontanément.

---

[72] Rabelais F. (1534), *Gargantua*, chapitre LVII, *in* Largarde A., Michard L. (1969), *XVIème siècle*, Paris, Bordas, 1985, p.69.

Et dire que l'homme est doté des facultés qui lui permettent, de lui-même, de vivre heureux en harmonie avec ses semblables, c'est dire qu'aucun pouvoir, aucune autorité, aucune hiérarchie n'est nécessaire pour établir et maintenir cette harmonie, que tout fonctionne spontanément, sans l'appui d'une hiérarchie donc : typiquement, dans l'abbaye de Thélème, il n'y a pas d'abbé ; et par exemple, « si quelqu'un disait « Buvons », tous buvaient. Si quelqu'un disait « Jouons », tous jouaient ».[73] Au fond, Rabelais se fait l'avocat d'une anarchie naturelle harmonieuse, d'une société anarchique mais parfaite, dont la seule loi est la nature.

Qu'en penser ? Le thème proposé par Rabelais invite à l'exécution de deux variations, chacune d'entre elles étant porteuse d'une conception propre de l'harmonie spontanée. Une manière d'aborder cette question consiste à s'appuyer sur deux traductions possibles de *thélêma* (volonté, désir).

La première interprétation s'appuie sur *thélêma* entendue comme volonté naturelle réglée[74] par laquelle l'homme vit, en la suivant, en harmonie avec ses semblables, et sur l'idée qu'au fond c'est elle qui domine spontanément en l'homme et par conséquent l'anime. Ainsi, l'harmonie naturelle, qui classiquement suppose une médiation, émergerait et se maintiendrait spontanément, c'est-à-dire sans qu'il y ait besoin de l'autorité de quelque médiateur. Nous avons donc bel et bien une harmonie naturelle spontanée, soit tout autant une anarchie naturelle harmonieuse (même si l'*arkhê*, le principe qui guide l'action de l'individu, est présent, mais exclusivement à l'intérieur de l'individu qui se régule de lui-même : c'est une régulation interne, une auto-discipline). Seulement, il eût fallu que les hommes naquissent saints pour qu'une telle harmonie pût se réaliser immédiatement, spontanément. D'ailleurs, de l'aveu même de Rabelais, il doit y avoir une éducation préalable : nous devons avoir affaire à des gens « bien instruits, conversant en

[73] *Ibid.*, p.70.
[74] Cf. *Etudes rabelaisiennes*, Tome XXVII, *Rabelais et l'humanisme civil*, Chapitre 3, Diane Desrosiers-Bonin, Droz, Genève, 1992, p.138.

compagnies honnêtes ».[75] Manifestement, l'harmonie naturelle n'est pas fondamentalement spontanée, et nous retombons sur le modèle précédemment exposé de la « médiation ».

Rabelais ouvre la voie à une autre interprétation, cette fois-ci libertaire en quelque sorte, de l'harmonie spontanée, à l'idée d'une harmonie spontanée qui s'appuierait cette fois-ci sur le pur désir individuel (*thélêma* étant entendue ici au sens de « désir »). Dans l'abbaye de Thélème en effet, l'hédonisme est prégnant, et c'est à ce titre un pur désir individuel qui semble régner : c'est une existence de jouissance, une existence hédoniste que Rabelais décrit (bien opposée à la règle et à l'ascétisme monastiques), c'est à des individus qui boivent, jouent, chassent, se divertissent, font comme bon leur semble, que nous avons affaire.[76] Dans cette perspective, le « fais ce que voudras » devient en quelque sorte principiel, et l'utopie renvoie alors à l'idée qu'à partir d'un individu tout entier à l'écoute de son désir immédiat, et donc en l'absence de toute médiation, de tout commandement, de toute autorité, de tout pouvoir, une harmonie émerge spontanément. C'est l'harmonie spontanée des désirs, soit tout autant l'anarchie hédoniste harmonieuse, pacifique : la liberté de l'individu, son libre épanouissement, son désir nu, suffit à fonder la société, une société où chacun assouvit pleinement son désir, ne rencontrant donc jamais autrui comme un obstacle, mais s'harmonisant spontanément avec lui. C'est dire strictement que dans cette société *chacun* a au fond le sentiment de mettre le système social à son service, le désir d'autrui ne résistant pas au désir d'un individu quel qu'il soit.

Mais comment cela se peut-il spontanément ? En partant d'un individu qui est pur désir, il apparaît bien plutôt que cet homme

---

[75] Rabelais F. (1534), *Gargantua*, chapitre LVII, *in* Largarde A., Michard L. (1969), *XVIème siècle*, Paris, Bordas, 1985, pp.69-70.

[76] « Toute leur vie, écrit-il, était employée, non par lois, statuts ou règles, mais selon leur vouloir et franc arbitre. Se levaient du lit quand bon leur semblait, buvaient, mangeaient, travaillaient, dormaient quand le désir leur venait. Nul ne les éveillait, nul ne les contraignait ni à boire, ni à manger, ni à faire chose autre quelconque. (…). En leur règle n'était que cette clause : Fais ce que voudras » (Rabelais F. (1534), *Gargantua*, chapitre LVII, *in* Largarde A., Michard L. (1969), *XVIème siècle*, Paris, Bordas, 1985, pp.69-70).

ne peut manquer de rencontrer sur le chemin de sa satisfaction d'autres individus, d'autres désirs, dont rien ne laisse penser qu'ils tendent à s'accorder harmonieusement, et ce pour la raison suivante : le propre du désir pur est d'être éminemment subjectif. Il semble bien plutôt qu'ils s'entrechoquent en un mouvement brownien. Retour à la case départ, donc.

II-2- Un équilibre spontané ?

Il existe une autre perspective selon laquelle, à partir d'un individu tout entier désir (à l'exclusion de tout autre principe), on aboutirait spontanément à une situation où les atomes ne s'entrechoqueraient pas de manière chaotique. Cette idée trouve une expression aussi bien en physique qu'en politique ou en économie : c'est l'idée d'équilibre spontané, l'idée que, de lui-même, le chaos tend vers un ordre, ou plutôt un équilibre des forces en présence, mécaniquement, par actions et réactions. Le pendant politique de cette idée donne la formule abstraite du libéralisme : l'équipotence spontanée des particules, des forces, et en définitive l'équilibre spontané des pouvoirs. Sur le plan économique, nous avons là la théorie de la main invisible d'Adam Smith.

Un tel système social équilibré se réalise, s'incarne dans la relation d'échange. L'échange est en quelque sorte l'opération par laquelle deux individus initialement sans rapport, indépendants, et d'autre part de forces relativement égales, se coordonnent, l'un renonçant à quelque chose au bénéfice d'autrui, en échange d'un renoncement d'autrui au bénéfice du premier, l'un et l'autre établissant de la sorte une situation équilibrée de gains réciproques et de renoncements réciproques, le gain étant jugé par chacun supérieur au renoncement consenti. Il s'agit tout autant d'un système d'interdépendance, chacun dépendant du renoncement qu'autrui est prêt à faire en échange du renoncement qu'on est soi-même prêt à faire.

Mais comment se peut-il que l'équilibre des forces, la relation d'échange, émerge et se perpétue spontanément, c'est-à-dire en l'absence de tout principe d'organisation, de toute *arkhê* ? Admettons que l'équilibre des forces s'établisse spontanément, admettons, avec les libéraux, qu'il y ait initialement une égalité relative des forces en présence et donc l'émergence spontanée de relations d'échange : « chaque homme étant également faible sentira un égal besoin de ses semblables, écrit Tocqueville ; (...) il ne peut obtenir leur appui qu'à la condition de leur prêter son concours ».[77] En revanche, il est plus difficile d'admettre que l'équilibre des forces puisse se maintenir spontanément : puisque dans l'univers métaphysique dans lequel nous nous situons, ce qui est premier, primordial, principiel, c'est, non pas l'échange, mais la définition de l'individu comme être de désir, puisque ce qui est premier, c'est la satisfaction du désir individuel, et non le respect de l'échange (par nature équilibré), puisque les individus ne cherchent pas la relation pour elle-même mais pour ce qu'elle rapporte, il apparaît bien plutôt que l'équilibre des forces est remis en question : comment l'individu auquel nous avons affaire ne chercherait-il pas, autant que faire se peut (et par exemple en s'associant à d'autres pour peser davantage), à déséquilibrer la relation, à la tourner à son avantage, à retirer le maximum de l'échange, et par là même à le dénaturer ; comment le désir individuel ne deviendrait-il pas envahissant au point d'abolir l'échange, de détruire l'équilibre ?

II-3- « L'insociable sociabilité » : entre accord spontané précaire et rapports agonistiques

En somme, à partir d'un individu tout entier désir, et en l'absence de tout régulateur, de tout principe d'organisation, de toute *arkhê*, il apparaît qu'il n'y a pas de nécessité que l'harmonie des désirs ou l'équilibre des forces émergent et se maintiennent spontanément. Dans ces conditions, que peut-on dire du lien que les individus établissent entre eux spontanément ?

---

[77] Tocqueville A. de (1835), *De la démocratie en Amérique*, Paris, Flammarion, 1981, Tome I, p.64.

Quand bien même cela n'a rien de nécessaire, il est tout à fait possible que les désirs s'accordent spontanément, qu'il s'agisse à proprement parler d'harmonie spontanée des désirs (et nous avons alors l'anarchie hédoniste pacifique que nous évoquions précédemment), ou simplement d'équilibre spontané des forces en présence (dès lors que celles-ci se trouvent être relativement égales). Dans le premier cas, chacun assouvit pleinement son désir. Dans le second, chacun renonce à une parcelle de liberté pour gagner ou préserver une autre parcelle jugée plus désirable.

C'est dire tout autant qu'il est possible que, de lui-même, l'individu participe à une communauté qui convienne, autant que faire se peut, à ses aspirations toutes subjectives, c'est-à-dire qui lui permette, autant que possible, de satisfaire son désir : la participation est choisie. C'est ce que l'on pourrait appeler une communauté d'intérêts.

Mais si l'on considère d'une part, que rien n'est plus fluctuant que le désir individuel, qu'un individu tout entier désir est un être « divers et ondoyant »[78] selon les termes d'un Montaigne ; et d'autre part, que l'équilibre des forces tend naturellement à être dépassé quand ce qui vaut c'est le désir individuel et non pas l'équilibre ; alors il apparaît que l'accord (l'harmonie ou l'équilibre) spontané des individualités est précaire. Au fond, quand on part d'aspirations toutes subjectives, le lien à autrui est révocable, ce qui signifie en particulier que la participation à telle ou telle communauté d'intérêts (faite d'harmonie spontanée ou d'équilibre des forces) est elle aussi révocable.

Au sein de ces communautés, si l'on considère que l'on a affaire à un individu dont le souci primordial et exclusif est de satisfaire un désir tout fluctuant, pour lequel, étant fluctuant, les règles établies tendent à constituer un obstacle, alors il apparaît que chacun cherche à obtenir des avantages au-delà de ce que les règles du jeu de la communauté instituée autorisent (ce qui vaut, c'est le désir individuel, pas la règle en tant que telle). Et comme chacun lit en autrui ce qu'il lit en lui-même, on obtient finalement un système de méfiance réciproque, chacun étant fondé à soupçonner autrui de vouloir échapper à la règle. Pour lever la

---

[78] Montaigne M. de (1580), *Essais*, Paris, Flammarion, 1969, Livre I, chapitre 1.

méfiance, pour instaurer la confiance, on tend à chercher le plus de transparence possible sur les actions de chacun : mais n'est-ce pas là plutôt entériner la méfiance ? D'ailleurs chacun ne veut au fond la transparence que pour les actions d'autrui, ses actions propres restant idéalement dans l'ombre, car il s'agit de s'assurer qu'autrui n'obtienne pas d'avantages indus (ce serait augmenter sa dépendance à son égard), nullement d'être soi-même empêché d'en obtenir pour son propre compte, d'être soi-même empêché d'échapper à la règle. La transparence peut bien être officielle, en réalité il s'agit toujours d'avancer masqué, anonyme, sans laisser de trace, invisible même. Tout voir sans être vu, la transparence pour autrui, pas pour soi : c'est bien un rêve d'invisibilité qui anime l'individu en question, et qui n'est pas sans rappeler le mythe de Gygès.[79]

Ce lien à autrui, sans nécessité, seulement possible, révocable, pétri de méfiance, nullement paisible si ce n'est en surface, c'est ce qu'un Kant nomme « l'insociable sociabilité des hommes ».[80]

Et si finalement ces liens révocables sont officiellement révoqués, si la communauté instituée mais précaire (parce que seulement possible, non pas nécessaire), fondée sur l'harmonie des désirs ou l'équilibre des forces, vole en éclats, les rapports agonistiques apparaissent au grand jour : c'est l'établissement de rapports ouvertement déséquilibrés, le règne de la loi du plus fort, et la réalité sociale semble bien tourner à un désordre généralisé. Cela n'est pas sans évoquer l'état de nature d'un Jean-Jacques Rousseau, cet état pré-politique, antérieur au contrat social.

*

* *

[79] Platon, *La République*, Livre II : Gygès, possédant un anneau lui permettant de se rendre invisible à son gré, commet de multiples forfaits.
[80] Kant E. (1784), *Idée d'une histoire universelle au point de vue cosmopolitique*, trad. Jean-Michel Muglioni, Bordas, Paris, 1988, Quatrième proposition, p.14.

En somme, quand on a affaire à un homme qui est tout entier désir, l'on ne voit émerger spontanément ni l'harmonie des désirs, ni l'équilibre des forces, mais plutôt un état où les désirs risquent de s'entrechoquer : l'anarchie ne semble nullement paisible, mais bien plutôt troublée, porteuse d'antagonismes.

La question immédiatement pendante est la suivante : comment faire que ces atomes ne s'entrechoquent pas en un mouvement brownien ?

Quatre voies majeures apparaissent, aussi bien logiquement que dans l'histoire des idées, pour supprimer ces antagonismes, pour établir une forme de cohésion. Celle consistant en l'émergence d'une force supérieure à toutes les autres et ordonnant l'ensemble : c'est la voie de la contrainte arbitrale, par l'intervention d'un arbitre souverain. Celle consistant à réguler les désirs de manière à instaurer et préserver un équilibre des forces : c'est la voie de la régulation. Celle consistant en la satisfaction complète des désirs : c'est la voie de l'abondance. Enfin, celle consistant en une fusion par laquelle chacun s'identifie au tout que constitue la collectivité.

III- Le lien à autrui établi par l'organisation

III-1- La paix par l'intervention d'un arbitre souverain

La solution dont il est ici question consiste à opposer aux forces individuelles, une force supérieure à toutes les autres (qu'elles soient prises individuellement ou agglomérées), capable donc de contenir les énergies, et d'assurer ainsi la sécurité.

Jean Bodin est le premier à théoriser ce nouveau type de pouvoir temporel[81] : c'est la souveraineté (du latin *supranus* : qui est au-dessus). Il s'agit d'un pouvoir au-dessus duquel il n'y a rien, d'un pouvoir qui n'est soumis à aucun pouvoir qui lui serait supérieur, ni ne s'incline devant aucune loi au service de laquelle

[81] Bodin J. (1583), *Les six livres de la République*, Paris, Librairie Générale Française, 1993.

il se trouverait. Bref, c'est une force, un pouvoir qui n'est limité par rien, un pouvoir qui a donc pour caractéristique essentielle d'être littéralement absolu (*absolutus* : détaché, délié, c'est-à-dire qui n'est soumis à aucune force, ni à aucune loi), et à ce titre même d'une part un pouvoir arbitraire puisqu'il décide, pose, décrète ce qui est bon et ce qui est mauvais, ce qui est légal et ce qui ne l'est pas (il pose les règles : c'est un pouvoir législateur), et d'autre part un pouvoir tout-puissant, puisqu'il doit avoir la puissance de faire respecter ses décisions (sans quoi il n'est pas souverain).

Voici donc un pouvoir plus fort que les autres, une force arbitrale irrésistible, capable de canaliser le mouvement des particules, et ainsi de faire régner la paix. Naturellement, cela se fait au prix de la liberté des individus, puisque l'arbitre impose un ordre des choses. Mais pour un Bodin ou un Hobbes[82], qui vivent une situation de guerre civile dans leurs pays respectifs, c'est bel et bien la seule manière d'en sortir.

III-2- L'équilibre des forces par l'intervention d'un régulateur

Si nous considérons l'histoire des idées, par cela même que la solution par la souveraineté d'un arbitre met en question la liberté de l'individu, la solution libérale que nous évoquions précédemment émerge. Et, nous l'avons dit à son propos, rien n'indique qu'un équilibre des forces en présence puisse, sinon émerger, du moins se maintenir spontanément.

Pour s'en sortir, au fond pour garantir l'équilibre des forces, les libéraux conçoivent une solution dont le principe est le suivant. Il s'agit de trouver le moyen que chaque particule trouve une aide à la perpétuation de son propre mouvement, dans la perpétuation du mouvement des autres particules ; que chacun voie dans la satisfaction d'autrui, le moyen de sa propre satisfaction, y trouvant donc son intérêt ; bref que la satisfaction du désir de l'un dépende de celle du désir de l'autre. C'est la voie

---

[82] Hobbes T. (1651), *Léviathan - Traité de la matière, de la forme et du pouvoir de la république ecclésiastique et civile*, Paris, Dalloz-Sirey, 1999.

de l'imbrication des intérêts, de l'interdépendance, qui assurerait la perpétuation de l'égalité des forces en présence, le maintien de l'équilibre des forces, et par là la perpétuation de l'échange. Il faut en quelque manière mettre l'homme en situation d'avoir intérêt à être vertueux : « il est heureux pour les hommes, écrit Montesquieu, d'être dans une situation, où, pendant que leurs passions leur inspirent la pensée d'être méchants, ils ont pourtant intérêt de ne pas l'être »[83] ; ou encore, quand des Etats sont « enchaînés les uns les autres par leur activité économique », écrit Kant, « l'influence de l'ébranlement de l'un sur tous les autres devient si visible » que tous tendent à éviter tout ébranlement.[84] Mais rien de spontané dans tout cela : puisqu'on part d'un individu tout entier désir, l'imbrication des intérêts, et par elle l'équilibre des forces, doivent être construits et préservés[85], supposant donc l'intervention d'un régulateur.

En somme, le libéralisme échouant à fonder un équilibre spontané des forces en présence, cherche à l'établir et à le préserver. Pour ce faire, un régulateur est nécessaire : « C'est précisément, écrit Jean-Jacques Rousseau, parce que la force des choses tend toujours à détruire l'égalité, que la force de la législation doit toujours tendre à la maintenir ».[86] Réellement, le libéralisme apparaît comme un équilibre des forces non pas spontané mais institué par une régulation.

---

83 Montesquieu (1748), *De l'esprit des lois*, Paris, Flammarion, 1979, Tome II, p.65.

84 Kant E. (1784), *Idée d'une histoire universelle au point de vue cosmopolitique*, *op. cit.*, Huitième proposition, p.24.

85 Adam Smith l'a bien perçu, lui qui, dans ses *Recherches sur la nature et les causes de la richesse des nations* (1776), insiste sur la nécessité d'une part de diviser le travail (plus le travail est divisé, plus les individus ont besoin les uns des autres), et d'autre part (parce que la division du travail n'empêche par la coagulation d'individus conduisant à déséquilibrer le système) de préserver la concurrence (dont le modèle idéal est la concurrence pure et parfaite) (cf. par exemple les lois antitrust), c'est-à-dire de préserver un social atomisé en entités multiples de poids égal.

86 Rousseau J.-J. (1762), *Du Contrat social*, *op. cit.*, Livre II, chapitre 11, Folio, p.214.

Du lien à autrui dans une société arbitrée ou régulée

Si l'on se tourne désormais vers la nature du rapport à autrui qui s'établit au sein de collectivités orchestrées par un tel arbitre ou un tel régulateur, nous avons affaire à des liens choisis et révocables : ce sont les communautés d'intérêts que nous évoquions précédemment. Cependant : d'une part, la révocabilité des contrats privés n'entraîne nullement la dislocation de la collectivité tout entière, puisque cette dernière tient par la présence même d'un arbitre ou d'un régulateur ; d'autre part, une certaine confiance est instaurée par cela que la présence d'un arbitre ou d'un régulateur modère les ardeurs individuelles.

*

*   *

Naturellement, les solutions par la contrainte arbitrale ou la régulation ne sont guère pleinement satisfaisantes pour l'individu. Dans un cas, il tombe dans la dépendance de l'arbitre, dans l'autre cas, il établit avec autrui des rapports équilibrés d'échange qui certes ont le mérite d'assurer un gain pour l'individu, mais non sans une perte, non sans qu'il consente à quelque renoncement : l'interdépendance est une dépendance équilibrée des individus les uns à l'égard des autres, ce qui signifie bien qu'il y a dépendance à l'égard d'autrui.

Au fond, l'aspiration primordiale d'un individu tout entier désir, à savoir la recherche de la satisfaction pleine et entière de son désir, est tout autant une aspiration à l'indépendance (à l'égard de tout ce qui, homme ou chose, pourrait constituer un obstacle sur le chemin de ladite satisfaction), mais à une indépendance qui doit se réaliser en société puisque, pour des raisons élémentaires de survie, l'individu ne peut vivre seul au fond des bois de l'eau fraîche d'un ruisseau. Par conséquent, les solutions par la contrainte et la régulation sont naturellement appelées à être dépassées par d'autres formes d'organisation. Examinons ces formes.

III-3- La cohésion par l'intervention d'un pourvoyeur d'égalité dans l'abondance

La voie que nous proposons d'explorer ici doit permettre de la manière la plus évidente de faire disparaître les antagonismes, d'instaurer une cohésion d'ensemble : c'est la voie de la satisfaction complète des désirs, c'est-à-dire la voie de la réplétion (qui se réalise par la levée de tout obstacle, de toute dépendance). Quand en effet les individus sont pleinement satisfaits, les oppositions se dissipent. Cette voie se divise elle-même en deux, qui sont deux manières d'assurer la satiété : le progrès scientifique et l'organisation sociale.

La réplétion par le progrès scientifique. Cette voie est ouverte notamment par Descartes : il s'agit, selon la formule cartésienne, de se rendre « maîtres et possesseurs de la nature »[87], de progresser autant que possible dans la voie du développement de la science et des techniques, démarche dont l'aboutissement espéré est l'abondance matérielle. Progresser, c'est se donner des moyens scientifiques et techniques de plus en plus efficients de faire ou avoir ce que l'on veut faire ou avoir. Et s'agissant des moyens les plus efficients, la contrepartie de l'atteinte de l'objectif doit être à la limite nulle (en temps, coût, effort, santé…). Au terme du progrès, l'individu content, contenté, s'apaise, les antagonismes disparaissent : la paix découle de la transformation réelle des conditions matérielles d'existence ; l'apaisement résulte de l'abondance.

L'harmonie des désirs par l'organisation. Seulement, si l'on considère que la voie du progrès scientifique mène à l'abondance matérielle, il reste que l'abondance en toutes choses n'est pas encore établie : par exemple, si un individu donné est animé par la passion de sa propre gloire ou désireux d'être aimé, encore lui faut-il des individus animés par l'envie de proclamer sa gloire ou désireux de l'aimer ; ou encore, si un individu donné veut jouer au tennis face à un adversaire, encore lui faut-il un adversaire. En

[87] Descartes R. (1637), *Discours de la méthode*, Paris, Nathan, 1991, Sixième partie, p.73.

quelque sorte, nous avons l'indépendance à l'égard de la nature, mais pas encore celle à l'égard d'autrui. C'est ici que la voie de l'organisation sociale, empruntée notamment par Charles Fourier, entre en jeu. Que nous dit Fourier ? L'idée centrale qui guide son propos pourrait être formulée ainsi : les désordres du monde tiennent à un défaut d'organisation sociale ; les bons gouvernants doivent être des spécialistes de l'organisation sociale, et pour cela des spécialistes des passions humaines, chargés d'analyser ces passions et de les utiliser pour les harmoniser, c'est-à-dire au fond chargés de découvrir les lois cachées de l'organisation sociale à partir du matériau de base que sont des individus animés de passions[88] et de révéler alors l'harmonie naturelle du monde. Ainsi les passions se trouvent toutes combinées et par là satisfaites : c'est le règne de l'harmonie des désirs. Telle est la théorie fouriériste de « l'attraction passionnée ».

L'abondance réelle. En cumulant les effets du progrès scientifique et de l'organisation, nous obtenons une société où l'individu ne rencontre plus d'obstacle sur le chemin de la satisfaction de son désir : il est indépendant à l'égard de la nature devenue infiniment généreuse grâce au progrès scientifique, et il est indépendant d'autrui puisque les désirs individuels sont harmonisés. Chacun a en d'autres termes le sentiment de mettre l'univers tout entier à son service, la nature aussi bien que le système social : l'individu est au centre d'un monde qui tourne autour de lui, c'est-à-dire qu'il est en société comme s'il vivait seul, qu'il est dans le monde comme s'il était seul au monde.

L'abondance par l'illusion. Naturellement, cette abondance en toutes choses, fruit du progrès scientifique et de l'organisation, ne semble guère aisément accessible par cela même qu'elle suppose maîtrise de la nature et harmonie des

[88] « Ma théorie se borne à utiliser les passions réprouvées telles que la nature les donne, et sans rien y changer. (…) L'ordre sociétaire les emploie comme Dieu les a données », *Théorie de l'unité universelle*, Livre II, section IV, chapitre III, p.157, Société pour la propagation et pour la réalisation de la théorie de Fourier, Paris, 1841.

désirs. Mais il n'en reste pas moins qu'elle est l'une des aspirations fondamentales possibles chez un homme tout entier désir, et que par le progrès scientifique et l'organisation, l'homme chemine vers elle. Sur ce chemin, c'est-à-dire tant que l'abondance n'est pas réelle, l'individu auquel nous avons affaire peut encore avoir une appétence pour ce qui peut lui permettre d'avoir l'illusion de l'abondance : c'est la voie du sentiment d'abondance. Voici donc un individu attiré notamment par les nouvelles technologies, pour leur capacité à lui permettre de plonger dans des mondes virtuels, et de cultiver alors (autant que faire se peut et moyennant un effort mental) le sentiment qu'il est au centre d'un monde qui tourne autour de lui, d'un monde qu'il met à son service, d'un monde où rien ne résiste à son désir, où la réplétion se réalise (*SFR et le monde est à vous*).

L'égalité dans l'abondance. Si l'on considère, de surcroît, que les besoins des hommes sont avant tout relatifs, que le désir qu'a l'un de tel ou tel bien matériel est déterminé, moins par un véritable besoin, que par le fait qu'autrui possède le bien en question ou est susceptible de le posséder, si l'on considère en d'autres termes que la vérité des conflits économiques est fondamentalement psychologique (c'est la perspective marxiste), alors il apparaît que pour avoir l'abondance, il faut encore avoir l'égalité réelle, à condition de l'établir au plus haut niveau possiblement atteint par l'un quelconque des membres de la collectivité, sur quelque registre que ce soit de la vie humaine, sans quoi c'est l'abondance même qui serait en péril. En somme, il ne s'agit pas d'établir l'égalité dans la rareté, mais d'avoir l'égalité dans l'abondance.

Et cette égalité dans l'abondance n'est peut-être pas réelle, réalisée, mais il n'en reste pas moins qu'elle est ce à quoi l'homme peut tendre, aspirer, une sorte d'idéal selon lequel il espère pouvoir vivre, et qui détermine ses manières d'être, de penser, de vivre, de se lier aux autres, de consommer…

III-4- La cohésion par l'intervention d'un provocateur de fusion

Le principe de la solution au problème de la disparition des antagonismes consiste ici à faire que les individus en présence soient animés de désirs nouveaux, c'est-à-dire qu'ils redéfinissent ce qui, pour eux, constitue un bien à atteindre, et ce de manière à permettre le dépassement des conflits latents ou réels. C'est la voie de la transformation de l'individu, voie par laquelle les données du problème évoluent : on ne cherche pas à résoudre le problème sur la base de l'individu tel qu'il est, tout entier désir, mais à forger un individu renouvelé pour lequel la coexistence pacifique est naturelle (en quoi le problème initialement posé est contourné plus que résolu). C'est une voie empruntée par Jean-Jacques Rousseau, selon une lecture possible du *Contrat social*. Voyons cela.

Rousseau part d'un individu tout entier désir, d'un individu qui est un « tout parfait et solitaire ». Pour fonder la cohésion de la collectivité, il s'agit qu'en son sein, personne ne soit gêné dans la satisfaction de son désir, et notamment que personne ne rencontre autrui comme un obstacle mettant à mal son indépendance : il s'agit que « chacun s'unissant à tous, n'obéisse pourtant qu'à lui-même et reste aussi libre qu'auparavant »[89], c'est-à-dire aussi libre que s'il vivait seul. Comment faire ?

Le principe de la solution est le suivant : Rousseau cherche à faire en sorte que le désir de l'individu se tourne tout entier vers un objet tel que *chacun* puisse avoir le sentiment d'être indépendant *en société*. Quel est cet objet ? En l'occurrence, pour se sentir en société aussi libre que s'il vivait seul, l'homme doit désirer, à l'exclusion de tout autre chose, le bien de la cité (et partant le respect de ses lois, des lois qui visent son bien), c'est-à-dire transposer son désir depuis les biens qu'il s'est initialement donnés à lui-même, vers ce bien nouveau que constituent le bien de la cité et le respect de ses lois ; bref, aimer exclusivement la cité et ses lois. En effet : d'une part, dès lors que l'individu auquel nous avons affaire aime la cité et ses lois,

[89] Rousseau J.-J. (1762), *Du Contrat social*, *op. cit.*, Livre I, chapitre 6, p.182.

il obéit à ces lois par inclination (et non, par exemple, sous quelque contrainte), continuant donc ce faisant à n'obéir qu'à lui-même (tout se passe comme s'il était l'auteur des lois en question) ; d'autre part, dès lors que tous n'aiment *que* la cité et ses lois, personne ne court le risque d'être animé d'un désir qui vienne se heurter au désir d'autrui au sein de cette collectivité.

Comment réaliser cette transposition ? Si l'on considère que l'homme auquel nous avons affaire, fondamentalement soucieux de se satisfaire, de satisfaire son désir tout subjectif, n'aime, à ce titre même, jamais que lui-même, faire qu'il aime avant toutes choses sa cité et ses lois, c'est faire au fond qu'il s'identifie au tout que constitue la collectivité, qu'il se projette en elle, qu'il se voie en elle. Il s'agit, écrit Rousseau, d'amener les hommes « à s'identifier en quelque sorte avec ce plus grand tout [la cité] (...), à l'aimer de ce sentiment exquis que tout homme isolé n'a que pour soi-même ».[90]

Ainsi, le recouvrement de l'indépendance en société s'accompagne d'une fusion des individus qui constituent alors un « moi commun »[91] : tout citoyen n'a plus qu'un moi, le moi commun, qui a autant de substrats physiques qu'il y a de citoyens. Désormais les hommes respirent d'un même souffle (*una anima*), formant « tel un attelage de chevaux (...) un seul être ».[92] Tel est l'homme renouvelé de Rousseau.

Notons enfin qu'il revient à un médiateur (en la figure du « législateur » chez Rousseau) d'assurer cette transformation de l'individu, d'impulser la fusion, d'instaurer et de perpétuer la cohésion par fusion : ce médiateur est un provocateur de fusion, qui incarne et énonce la volonté commune, unique.

Naturellement, reste ouverte la question des moyens à mettre en œuvre pour assurer cette identification. Outils idéologiques, législatifs, symboliques certes, mais cette fusion, cette identification des individus à la collectivité peut aussi se faire par

---

[90] Rousseau J.-J. (1755), *Discours sur l'économie politique*, in *Du Contrat social*, *op. cit.*, p.81.
[91] Rousseau J.-J. (1762), *Du Contrat social*, *op. cit.*, Livre I, chapitre 6, p.183.
[92] Platon (IVème s. av. J.-C.), *Les Lois*, Paris, Gallimard, 1997, 708d-e, p.165.

identification de chacun à un projet commun, un projet à l'échelle de la collectivité tout entière (que ladite collectivité soit directement à l'œuvre dans la réalisation de ce projet, ou qu'elle le soutienne quand il est réalisé par une partie seulement de cette collectivité). Voici alors des individus qui fusionnent, respirent d'un même souffle, vivent une expérience commune : tous éprouvent les mêmes sensations, les mêmes émotions, s'inscrivent dans un même récit, jusqu'au dénouement final, la fin du projet une fois l'objectif atteint.

Un tel processus est fréquent, même s'il est variable en termes d'intensité et de durée. C'est typiquement le chef d'équipe qui éveille chez les membres de son équipe une envie commune, l'envie d'accomplir un projet commun, d'atteindre un objectif commun ; qui mobilise ainsi ses troupes qui, le temps que dure le projet, s'identifient pleinement à l'objectif commun, et par là même à la collectivité qui le porte, fusionnant donc. Ce processus est par exemple à l'œuvre quand l'entraîneur d'une équipe de football mobilise son équipe et entraîne derrière elle une collectivité tout entière, chaque membre desdites équipe et collectivité s'identifiant à l'objectif énoncé par l'entraîneur (gagner), et s'identifiant finalement au moi collectif : quand l'équipe gagne, c'est la collectivité tout entière qui gagne, et par là chacun qui se sent gagner. C'est encore l'identification à de grands travaux nationaux, ou à un projet d'entreprise, et ce faisant au pays ou à l'entreprise même. Et l'on comprend que pour maintenir l'identification à la collectivité, il faille passer de projet en projet, et aller de victoire en victoire (telle une entreprise passant d'un projet collectif pluriannuel au suivant ; tel Napoléon allant de victoire en victoire).

*

*   *

Résumons à ce stade les différents types de liens à autrui que nous venons d'analyser et les figures organisationnelles qui leur sont, le cas échéant, associées. Précisons d'emblée que ces types sont, si l'on veut, des types idéaux, qu'ils peuvent ne pas se réaliser pleinement, mais qu'ils n'en constituent pas moins ce à quoi les individus peuvent aspirer, ce qu'ils peuvent chercher à établir, déterminant alors leur manière de penser et d'agir, et en particulier les types de lien à autrui qu'ils espèrent pouvoir établir.

D'une part, nous avons le lien harmonieux à autrui (par harmonisation des natures), qui se fonde sur l'intervention d'un médiateur et sur un homme qui se conçoit comme partie.

D'autre part, dès lors que l'homme se conçoit comme un tout, nous écrivons une tout autre histoire. *Premièrement*, nous avons, en l'absence de tout principe d'organisation, le lien intéressé à autrui, lien précaire, révocable, pétri de méfiance, où chacun cherche l'anonymat ou l'invisibilité pour lui-même et la transparence pour autrui : c'est « l'insociable sociabilité ». *Deuxièmement*, nous avons le lien sécurisé à autrui, c'est-à-dire apaisé au for extérieur, parce qu'une force arbitrale tranchante et irrésistible prévient l'expression de toute agressivité, tout passage à l'acte, le cas échéant au prix de la liberté des individus auxquels l'arbitre impose un ordre des choses. *Troisièmement*, nous avons le lien équilibré à autrui, incarné dans la relation d'échange, par l'intervention d'une force régulatrice, qui assure l'équilibre des forces en présence, la préservation de la relation d'échange, et ainsi l'existence d'un système équilibré de gains et renoncements réciproques. *Quatrièmement*, par l'intervention d'un pourvoyeur d'égalité dans l'abondance, nous avons le lien harmonieux à autrui (par harmonisation des désirs), parce qu'idéalement toute source de conflit sur le plan matériel est désamorcée (par l'instauration de l'égalité réelle et de l'abondance matérielle), et que, sur cette base, autrui accompagne l'individu dans la satisfaction de son désir (c'est l'harmonie des désirs). *Cinquièmement*, nous avons le lien à un autre littéralement « alter ego », car l'identification de chacun à la collectivité transforme les individus en autant de substrats physiques d'une volonté unique ; et ce par l'intervention d'un provocateur de fusion.

Si nous considérons les cinq conceptions qui émergent sur la base d'un homme qui cherche à assouvir un désir tout subjectif, pour lequel par définition la liberté entendue comme indépendance est la valeur cardinale (la dépendance étant synonyme d'obstacle à l'assouvissement du désir), nous avons une gradation, du système le plus contraignant au plus épanouissant : la précarité voire les antagonismes ; un gain en sécurité, mais au prix de la liberté ; un gain en liberté, mais non sans renoncements ; une liberté ou indépendance totale par l'égalité dans l'abondance ou par la fusion.

On note de surcroît que quand l'égalité dans l'abondance ou la fusion sont effectives, l'égalité entre individus est effective : pour l'égalité dans l'abondance, c'est évident ; la fusion, elle, égalise par définition, par cela même qu'elle consiste en une identification de chacun à la collectivité.

On note en revanche que le médiateur, l'arbitre ou le régulateur conservent un statut différent de celui des individus sur lesquels ils exercent leur autorité ou leur force : une forme de verticalité est maintenue, ce qui constitue en soi un principe de distinction. En effet, le médiateur (qui révèle à l'homme sa nature participative) participe, lui, en tant qu'il est médiateur ; l'arbitre ou le régulateur en tant que forces organisatrices sans lesquelles l'organisation chancelle. A cela s'ajoute que, d'une manière plus générale, la distinction entre les individus constitutifs de la collectivité est aussi effective dans ces trois cas (aucun principe d'homogénéisation autre que l'inféodation à un même pouvoir n'intervenant) : chacun est ou bien partie d'un tout harmonieux, ou bien membre d'une collectivité par l'action d'une force arbitrale évitant la dislocation, ou bien maillon d'une coopération équilibrée.

On note enfin que si, en l'absence de toute autorité ou de tout principe d'organisation, nous avons une multiplicité désunie (c'est-à-dire des éléments séparés, épars), en revanche dès lors qu'une autorité ou qu'un principe d'organisation entre en jeu, nous avons l'unité d'une multiplicité, sauf dans le cas de la fusion où l'unité se fonde sur l'unicité qui découle de la fusion.

A ce stade, nous réservons la portée de ces remarques.

B- Les applications : automobile, délégation de conduite, service de mobilité, rapport au contexte

Au terme de notre approche théorique sur les diverses conceptions du lien à autrui, nous basculons dans l'étude des applications desdites conceptions, que ce soit sur le plan de l'objet automobile, de la technologie de délégation de conduite, des services de mobilité opérés par un véhicule autonome, ou encore du rapport au contexte de conduite.

I- Les déclinaisons en automobile des systèmes sociaux

Considérant les différentes conceptions du lien à autrui qui peut s'établir au sein d'un système social, nous proposons ici d'en étudier les déclinaisons en automobile. Plus précisément, il s'agit ici de porter notre regard sur la nature des micro-sociétés qui peuvent se constituer à l'intérieur d'une automobile et sur la manière dont les formes extérieures, les conceptions intérieures et certaines technologies (parmi lesquelles la technologie de délégation de conduite), peuvent en être le reflet, c'est-à-dire être en adéquation avec les valeurs qui dominent en leur sein, et alors constituer une sorte de rappel pour soi-même et de témoignage pour autrui desdites valeurs.[93]

---

[93] Ajoutons que nous prenons le parti d'étudier les cas où se concentrent sur une même tête les rôles de conducteur, de décisionnaire principal dans le choix du véhicule (acheté ou loué) et d'ordonnateur de la micro-société à bord (et même si cette tête peut à son tour avoir plusieurs têtes, si l'on considère que des individus (par exemple deux parents) peuvent être unanimes quant à ce qui détermine leur manière de conduire, de choisir un véhicule et le type de cohésion qu'ils souhaitent instaurer à bord). D'abord, parce que le « conducteur-décisionnaire » constitue un profil central des marchés automobiles : nous considérons que le conducteur choisit sa voiture. D'autre part, parce que quand un conducteur choisit sa voiture, il est enclin à la choisir à l'image des valeurs qui l'animent et en particulier à l'image de sa vision du rapport à autrui, à l'image de la micro-société qu'il espère voir émerger, faire vivre, à bord de son véhicule, micro-société dont il est par là même le principe, l'ordonnateur.

I-1- Les objets automobiles qui incarnent la distinction des parties

Nous l'avons vu, les systèmes sociaux se structurant autour d'un médiateur, d'un arbitre ou d'un régulateur sont porteurs de distinction, par cela que le détenteur de l'autorité ou du pouvoir a par nature une fonction spécifique.

Par conséquent, l'objet automobile qui sied particulièrement bien au conducteur qui souhaite endosser le rôle de médiateur, d'arbitre ou de régulateur, est un objet qui incarne la distinction, et fondamentalement la distinction à bord par la valorisation du conducteur, disposant d'un poste de conduite clairement délimité et distinct du reste de l'habitacle et d'outils ou interfaces de commande et de contrôle qui lui sont exclusivement dédiés (volant, pédales, levier de vitesse, tableau de bord, typiquement). Voilà donc un ensemble de signes symbolisant (et leur permettant donc d'affirmer) leur autorité ou leur pouvoir, en un mot ce qu'ils sont, au sein de la micro-société présente dans l'habitacle.

Et si l'on considère qu'ils veulent encore témoigner à l'extérieur, de la valeur de distinction dominant à l'intérieur, témoigner, en d'autres termes, du rôle qu'ils endossent à bord du véhicule, bref, paraître aux yeux de tous ce qu'ils sont, alors nous obtenons un véhicule incarnant par sa morphologie extérieure cette valeur de distinction : il s'agit de la berline et des objets qui en émanent (break, voire coupé et SUV), avec leur classique distinction, plus ou moins marquée, entre la partie moteur, l'habitacle et le coffre.

S'il apparaît en somme que, typiquement, la berline et ses dérivés constituent, par leur morphologie générale et leur conception intérieure, un ensemble de symboles auxquels sont attachés les conducteurs, qu'ils soient médiateurs, arbitres ou régulateurs, il n'en reste pas moins que, par cela même que les rôles de médiateur, d'arbitre et de régulateur diffèrent, la conception des véhicules s'en trouve impactée. Voyons en quoi.

L'objet incarnant le rôle de conducteur-médiateur instaurant une harmonie d'ensemble

Considérons le conducteur-médiateur. En tant que médiateur, le conducteur-médiateur est fondamentalement soucieux de se mettre au service de la micro-société à bord, pour faire émerger une harmonie d'ensemble. En outre, parce que la valeur cardinale est celle d'harmonie, c'est encore des relations harmonieuses avec le contexte qu'il souhaite établir. Tout cela a au moins trois conséquences.

Premièrement, le conducteur-médiateur souhaite ne pas exagérer les signes de distinction. Etant médiateur, exerçant une autorité en vue de l'émergence d'une harmonie d'ensemble, le conducteur-médiateur a bien une fonction distinctive qui légitime la présence de signes distinctifs. Mais précisément parce qu'il cherche à exercer une autorité, et non pas un pouvoir, une force, une domination, c'est-à-dire parce qu'il cherche à révéler une harmonie qui est en puissance, et par conséquent nullement à imposer un ordre des choses par l'application d'une force, il rejette tout signe distinctif par trop ostentatoire ou agressif, aussi bien à l'intérieur qu'à l'extérieur : ni ostentation, ni agressivité dans les lignes, pas de survalorisation du poste de conduite. Pas de mollesse pour autant : le médiateur affirme une autorité, donc il « se tient », il a de l'énergie. En somme, il tend à rechercher de la structure, de la tenue, de l'affirmation, sans outrance, c'est-à-dire avec sobriété, humilité.

Deuxièmement, le conducteur-médiateur tend à se soucier d'offrir un haut niveau de confort aux personnes à bord. Confort physique : adoption d'un style de conduite confortable pour tous, sensation d'espace en étant loin des parois et à distance des autres occupants, confort multisensoriel personnalisé et finement adaptable (confort thermique ; ressenti individualisé au niveau de l'assise offrant du chauffant, du rafraîchissant, du souple, du ferme, de l'incliné, du redressé… ; univers sonore personnalisé par des systèmes de douches sonores ; éclairages personnalisés…). Confort psychologique aussi : c'est le respect des aspirations fondamentales de chacun ; chacun doit se sentir libre de s'adonner aux activités, quelles qu'elles soient, qui ont du sens à ses yeux. C'est en somme le respect de l'intimité de chacun qui est recherché.

Troisièmement, il cherche à vivre un lien d'harmonie avec l'environnement (sensibilité à la thématique écologique, lien avec l'extérieur possiblement magnifié par d'importantes surfaces vitrées).

Ajoutons que, si l'on considère que la médiation trouve aussi un territoire naturel de réalisation dans l'élévation à la compréhension ou à la contemplation du monde, il en découle un attrait naturel pour des prestations de découverte des territoires traversés, aussi bien sur le plan culturel (histoire, architecture…), que sur le plan naturel (découverte des paysages, de la faune, de la flore…). Pour soutenir cette découverte des territoires, le véhicule du conducteur-médiateur tend à offrir de grandes surfaces vitrées, associées à de la réalité augmentée sur vitrage, ainsi qu'à une intelligence artificielle source d'informations augmentées liées au voyage (elle peut faire office de « guide touristique »).

Remarquons enfin que, par la double entrée du lien d'harmonie avec l'environnement et de l'aspiration à la découverte dudit environnement, nous avons un cheminement, un voyage empreint de l'observation attentive du contexte, une forme d'imprégnation, de perméabilité à l'extérieur. Car le contexte est en quelque manière assimilé : *on devient l'autre, sans devenir autre*, selon les termes de l'épistémologie thomiste.

L'objet incarnant le statut du conducteur-arbitre et l'inféodation de passagers-invités

Le conducteur-arbitre exerce quant à lui une force décisionnelle tranchante, pour imposer à bord un ordre, qui lui semble valoir mieux que le chaos, ou à tout le moins le chahut. Que cela plaise ou non aux personnes à bord.

Contrairement au conducteur-médiateur, le conducteur-arbitre exerce bel et bien un pouvoir (et non une autorité) : il applique une force pour imposer un ordre des choses, pour ordonner la micro-société à bord. Et si l'on considère qu'un pouvoir s'exerce d'autant plus aisément qu'il s'appuie sur des signes manifestes[94], alors il apparaît que le conducteur-arbitre souhaite naturellement la présence de signes forts, ostentatoires, de valorisation de son rôle. En outre, si l'on considère l'univers métaphysique subjectiviste, et partant hédoniste, où il se situe, le conducteur-arbitre apparaît soucieux, une fois sa force arbitrale organisatrice exercée, de satisfaire des plaisirs tout personnels : le plaisir de conduire, de la maîtrise de la conduite, apparaît alors comme un champ naturellement investi.

Par conséquent, cette perspective conduit à concevoir un véhicule, et singulièrement un habitacle, tout entier orienté vers l'exaltation du conducteur et de ses plaisirs. Se dessine donc un espace conducteur nettement séparé du reste de l'habitacle. Dans cet espace, le conducteur dispose de multiples commandes et informations qui lui sont exclusivement dédiées, le confortant dans le sentiment d'être le seul maître à bord, et qui lui offrent une foultitude de moyens d'action : la multiplication des commandes au tableau de bord de la Peugeot 3008 (2nde génération), à la manière d'un cockpit d'avion, est, de ce point de vue, archétypale ; de même que les commandes offrant de multiples programmes de conduite (cf. divers systèmes tels que Audi Drive Select, Peugeot Grip Control, Renault Extended Grip) ; du point de vue des écrans de contrôle, ils sont orientés vers le conducteur, écran central compris ; à cet égard, des informations « augmentées » adressées exclusivement au conducteur, à travers par exemple un affichage tête haute, sont particulièrement pertinentes. Et ce plaisir de la maîtrise de l'objet se déploie naturellement jusque dans la conduite : le plaisir de conduire doit être au rendez-vous.

---

[94] « *Que l'on a bien fait de distinguer les hommes par l'extérieur, plutôt que par les qualités intérieures ! Qui passera de nous deux ? Qui cédera la place à l'autre ? Le moins habile ? Mais je suis aussi habile que lui. Il faudra se battre sur cela. Il a quatre laquais, et je n'en ai qu'un. Cela est visible ; il n'y a qu'à compter ; c'est à moi de céder, et je suis un sot si je le conteste. Nous voilà en paix par ce moyen ; ce qui est le plus grand bien* ». (Pascal B. (1670), *Pensées*, Armand Colin, Paris, 1960, Partie I, Section I, 2, Vanité, Anz. 18 (Br. 318), p.11).

L'exaltation du conducteur et de ses plaisirs se reflète encore dans le style extérieur de l'objet, avec une certaine ostentation voire agressivité dans les lignes, à la manière d'une 3008 (2nde génération).

Symboliquement, à l'arrière, la banquette trouve ici toute sa pertinence, en ce qu'elle ravale les passagers arrière au statut d'invités inféodés aux décisions à l'arbitre. Au regard de ce statut ou, ce qui revient au même, du rôle de l'arbitre, ce dernier ne cherche pas, *en principe*, l'épanouissement de ses invités au-delà de l'apaisement général (même s'il peut le rechercher *en fait*). A tout le moins souhaite-t-il ne pas les contrarier outre mesure : il s'agit pour lui d'éviter toute contestation majeure qui remettrait en cause son statut d'arbitre et déboucherait sur une situation chaotique. On évitera donc tout inconfort eu égard aux pratiques en cours, mais on ne cherchera aucun raffinement particulier dans le vécu auquel l'invité inféodé accède.

L'objet incarnant le statut du conducteur-régulateur au service de la préservation de la liberté de chacun

Le conducteur-régulateur, enfin, exerce quant à lui un pouvoir visant l'établissement d'un équilibre des forces en présence, c'est-à-dire d'une situation où chacun peut exercer sa liberté en vue d'assouvir autant que possible son désir individuel, mais sans que cela soit au détriment du voisin, non sans quelque renoncement donc.

Exerçant un pouvoir (et non une autorité), comme le conducteur-arbitre, et se situant dans le même univers métaphysique subjectiviste que ce dernier, nous avons ici les mêmes ressorts qui conduisent à un même attrait pour un véhicule orienté vers l'exaltation du conducteur et ses plaisirs. A cet égard, nous renvoyons donc le lecteur à la section précédente.

En revanche, et cette fois contrairement au conducteur-arbitre, le conducteur-régulateur se soucie d'offrir les conditions dans lesquelles chacun peut chercher à satisfaire autant que possible son désir, dès lors qu'il n'empiète pas sur la sphère de liberté du voisin. Que cela signifie-t-il ?

Cela signifie d'abord qu'il s'agit que chacun bénéficie d'un même espace de liberté optimisé. L'espace dédié aux invités prend donc une tout autre allure que celle qu'il a dans le cas du conducteur-arbitre : voici un intérieur où les passagers disposent de zones individuelles juxtaposées au sein de l'habitacle, où concrètement le siège individuel s'impose partout.

Ensuite, au sein de cet espace individuel de liberté, chaque passager doit pouvoir s'adonner librement à ses activités, sans être entravé, en important le cas échéant les objets et outils lui permettant de tirer au maximum profit du temps de voyage, d'assouvir ses désirs. Il revient donc au conducteur-régulateur d'offrir les potentialités les meilleures pour que chaque espace individuel puisse accueillir au mieux les outils et les pratiques de chacun : l'espace individuel bénéficie donc au moins d'équipements de confort (de type rangements, tablette escamotable, lumière individuelle, possibilité de poser, fixer, recharger ses outils numériques), voire de possibilités plus fines encore de personnalisation du confort (confort multisensoriel, qu'il soit postural, thermique ou visuel). On note qu'il ne revient pas, *en principe*, au conducteur-régulateur d'offrir à bord les outils (typiquement numériques) en question, permettant la satisfaction individuelle (même si cela est possible *en fait*), étant soucieux, non pas d'établir une égalité réelle à bord, mais de préserver l'espace de liberté de chacun (et à ce titre, d'assurer en quelque sorte une égalité des chances de satisfaire son désir individuel).

Pour autant, tout cela ne retire rien à l'envie que l'individu peut avoir de participer ponctuellement à un moment de convivialité à bord. D'une manière générale d'ailleurs, les liens que l'individu auquel nous avons affaire établit sont choisis (et révocables), que cela soit avec les autres personnes à bord du véhicule ou par les outils de connectivité dont il dispose. Ainsi, s'il veut pouvoir s'isoler dans son espace privé à bord, il doit pouvoir aussi en sortir : d'éventuels cloisonnements à bord, même partiels, doivent être escamotables. A l'inverse, la participation à la vie à bord n'a évidemment pas à être imposée, et n'est donc en quelque sorte pas programmée, ni par conséquent incarnée dans la conception même de l'habitacle (par exemple, par la présence d'une banquette, d'un écran central arrière unique et fixe...).

Rapport à la délégation de conduite du conducteur médiateur, arbitre ou régulateur : la question de la préservation du statut

Nous l'avons vu, par cela même que ces trois profils sont détenteurs d'une autorité ou d'un pouvoir, c'est-à-dire d'une fonction distinctive, ils ont un attrait naturel pour les signes automobiles qui viennent soutenir cette distinction. La maîtrise de l'acte de conduite fait naturellement partie de ces signes.

Sur cette base, apparaît une certaine distance naturelle à l'égard des technologies de délégation de conduite. Précisons même que, du point de vue de la symbolique, s'ils bénéficient de systèmes d'aide à la conduite (de type Régulateur de vitesse automatique ou Aide au maintien dans la voie), ils pourraient apprécier que les commandes et signaux notamment visuels d'activation de ces systèmes ne soient visibles que par eux (à la manière de ce qui se passe dans une Mercedes Classe E) : il s'agit de ne pas être destitué de son statut. Destitution symbolique qui serait d'autant plus forte chez le conducteur-arbitre et chez le conducteur-régulateur que l'objet automobile est construit, sur le plan de sa plastique et de ses IHM (interfaces homme-machine), sur le thème de l'exaltation de son rôle.

Ajoutons que cette distance à l'égard des technologies de délégation de conduite est d'autant plus marquée chez le conducteur-arbitre et chez le conducteur-régulateur que, outre l'attachement à la symbolique associée à l'acte de conduite (en l'occurrence, l'affirmation d'un pouvoir), il y a chez eux *structurellement* une recherche de plaisir dans l'acte de conduite (à tout le moins dans les contextes où ce plaisir est possible).

Certes, ces considérations ne retirent rien à un attrait pour une délégation de conduite ponctuelle, quand les circonstances renversent les priorités et déterminent un besoin ou une envie de se dégager de l'acte de conduite (pour s'impliquer dans d'autres tâches ou se reposer).

Mais si l'on veut concevoir pour nos trois profils une délégation de conduite structurellement attrayante, et considérant que la symbolique de la maîtrise est fondamentale pour eux (elle est le reflet de leur pouvoir ou de leur autorité), il apparaît nécessaire de la préserver en délégation de conduite. La question pendante est donc : comment concevoir, en délégation de conduite, une symbolique de la maîtrise qui viennent se substituer à la symbolique de la maîtrise de la conduite ? Et même, pour les deux profils structurellement hédoniques, comment concevoir un plaisir qui vienne se substituer au plaisir de conduire ?

Voici donc l'idée d'une délégation sans perte de maîtrise, et plus précisément sans diminution de l'expression et du plaisir de l'exercice d'une maîtrise. Concrètement, avec la délégation de conduite, dès lors que la technologie est mise en scène, le conducteur a l'opportunité de passer de la symbolique et du plaisir associés à l'acte de conduite (qui est maîtrise d'un objet physique), à une symbolique et un plaisir associés à la maîtrise d'une technologie : c'est l'idée qu'on prend plaisir à comprendre le fonctionnement du système de délégation de conduite, à en régler les paramètres, à les contrôler, à superviser les opérations. Ainsi, le conducteur (médiateur, arbitre ou régulateur) n'est pas destitué de son statut (pas plus que son degré de plaisir n'est diminué).

I-2- Les objets automobiles qui incarnent l'égalité dans l'abondance et la fusion

Considérant toujours la micro-société qui peut se constituer à l'intérieur d'une automobile, quand le conducteur endosse le rôle de pourvoyeur d'égalité dans l'abondance ou de provocateur de fusion, les systèmes sociaux qui se structurent et, partant, les objets automobiles qui leur correspondent, sont de nature radicalement différente.

Soulignons en particulier, d'entrée de jeu, que, parce que les objectifs sont respectivement l'émergence d'une égalité dans l'abondance et d'une fusion, le pourvoyeur d'égalité et le provocateur de fusion s'effacent par l'instauration même du système social qu'ils établissent.

L'objet qui incarne l'égalité dans l'abondance

Nous commencerons par étudier des champs de concrétisation visant à incarner *réellement* l'égalité dans l'abondance. Nous poursuivrons en soulignant l'intérêt d'immerger l'individu dans des réalités virtuelles pour lui donner *l'illusion* de l'abondance, et en tirerons des champs complémentaires de concrétisation.

L'objet doit symboliser l'égalité dans l'abondance d'abord du point de vue de sa conception extérieure. Un généreux volume d'habitacle perçu de l'extérieur (largeur, longueur, hauteur perçues), ainsi que de généreuses longueurs de portières, également longues à l'avant et à l'arrière, peuvent constituer une promesse d'égalité de traitement (d'espace) à bord, dans l'abondance. Ajoutons que, considérant que l'aspiration à l'abondance est une aspiration à l'absence d'obstacle (quant à la satisfaction de son désir), le véhicule peut encore promettre et offrir un accès facile à bord pour tous : typiquement le véhicule et ses assises peuvent être surélevés, l'ouverture des portières généreuse (cf. les portes en élytre du Renault Ondélios ou les longues portières arrière du Renault Espace).

Une fois à bord, l'égalité dans l'abondance se traduit fondamentalement par l'absence d'espaces spécialisés qui symboliseraient une inégalité de potentialités d'actions et de plaisirs. On voit immédiatement que c'est le poste de conduite qui doit perdre autant que possible son contenu distinctif. Typiquement, la console centrale délimitant le poste de conduite disparaît, le levier de vitesse s'efface, le tableau de bord n'est plus derrière le volant mais au centre de la planche de bord, visible de tous, chacun se sentant ainsi potentiellement investi du rôle de conducteur, invité par là à donner légitimement des conseils de conduite : chacun est symboliquement élevé au statut de conducteur (cf. l'intérieur du Citroën C4 Picasso : absence de console centrale, levier de vitesse derrière le volant, tableau de bord au centre de la planche de bord).

Mais il reste toujours que seul le conducteur réel se sent pleinement conducteur : son rôle distinctif demeure. Pour mener le concept jusqu'à son terme, il semble donc qu'il faille que le poste de conduite (et avec lui le rôle de conducteur) disparaisse totalement (avec tous ses codes, ses outils de commande et de contrôle : volant, pédales, rétroviseurs…) : la technologie de conduite autonome épouse la logique intime de l'objet et est à ce titre pleinement légitime. Nous n'aurions à bord que des passagers (cf. l'intérieur de la Volkswagen Sedric).

Toujours à bord, l'égalité dans l'abondance conduit à la présence de sièges individuels tous identiques, offrant un haut niveau de confort et singulièrement d'espace (pour les genoux, les coudes, les épaules, la tête). Mais la quête d'abondance invite à offrir à la limite toute latitude du point de vue postural, c'est-à-dire que l'on ne doit pas sentir que la posture est en quelque manière préprogrammée : à l'idéal, chacun doit pouvoir s'asseoir face à la route, dos à la route, de côté, voire être allongé, libérer son corps du port obligatoire de la ceinture, et pourquoi pas de la pesanteur. Toujours en réponse à l'aspiration à l'égalité dans l'abondance, un confort multisensoriel à son acmé, finement adaptable et disponible pour tous, est de mise, offrant la possibilité d'avoir du chaud, du froid, du massant, du souple, du ferme, de l'enveloppant, du fermé, de l'ouvert, du redressé, de l'allongé, du silence, un fond sonore, du sombre, du clair, du lumineux… (cf. les sièges grand confort du Mercedes Vision e Concept, ou la configuration « salon » à bord de la Renault Symbioz).

En réponse à l'aspiration à l'abondance toujours, l'espace intérieur se doit d'être malléable. Cette malléabilité renvoie immanquablement à une modularité intégrale de la conception de l'habitacle, avec, typiquement, des sièges se transformant en table, en lit, en espace de travail, de chargement, pivotant…, bref offrant toutes les configurations possibles ; cet intérieur a des allures de salle polyvalente (cf. l'intérieur du Renault Trafic Escapade : sièges de rang 2 dos à la route, lit-double à l'arrière).

Mais outre cette malléabilité de l'habitacle par réagencement de ses éléments constitutifs, la malléabilité peut encore concerner les éléments eux-mêmes, leurs surfaces, leurs matériaux, pour être la source de sensations et d'expériences donnant à l'individu le sentiment que rien ne résiste à son désir, qu'il peut ordonner, façonner le monde selon ses envies, au doigt et à l'œil, au-delà même des lois physico-chimiques, de la plausibilité physico-chimique, du vraisemblable, donnant ainsi à l'individu un sentiment de toute-puissance sur le monde, le sentiment que l'abondance est effective. Typiquement, d'un simple geste, l'individu déclencherait des phénomènes d'apparition ou de transformation (cf. les effets de dilatation et d'ondulation (tétraèdres mobiles de la planche de bord) de la BMW Next 100 Vision).

Si l'on considère que l'abondance suppose encore, pour se réaliser, la combinaison des désirs, on peut doter utilement ce véhicule d'une intelligence artificielle qui développerait, autant que faire se peut, la connaissance des complémentarités latentes entre les désirs des individus présents, et proposerait alors à bord ce qu'il faut d'interactions individuelles, harmonisant ainsi les désirs en présence. Par exemple, si certains aiment se mettre en valeur en pratiquant telle ou telle activité, cependant que d'autres aiment être bon public à cette occasion, l'intelligence artificielle proposera l'activité en question. A défaut de la possibilité d'une telle harmonie entre les personnes à bord, chacun plongera simplement dans les mondes virtuels immersifs précités, où il pourra cultiver le sentiment que rien ne fait obstacle à son désir.

Une telle intelligence artificielle peut, en outre, servir de palliatif si un vécu pleinement individualisé (notamment du point de vue du confort multisensoriel, ou de la plongée dans une réalité virtuelle immersive) ne peut être offert. L'intelligence artificielle s'appuiera alors sur les aspirations individuelles pour définir les déterminations les plus pertinentes en vue de la maximisation de la satisfaction de chacun (qu'il s'agisse de déterminer les meilleurs compromis, par exemple du point de vue du confort postural, du confort thermique, de l'ambiance sonore, mais aussi d'une éventuelle expérience immersive unique, convenant à l'ensemble des participants, ou encore d'un parcours maximisant la satisfaction de chacun). A cet égard, l'enceinte Prizm constitue une version embryonnaire d'une telle intelligence artificielle : elle détermine une musique plaisante pour tous, sur la base de la connaissance des diverses musiques écoutées par l'ensemble des personnes présentes.

Enfin, l'égalité dans l'abondance passant par la possibilité pour chacun d'obtenir l'assouvissement réel de tout désir, chaque passager disposera à bord d'équipements facilitant la satisfaction de son désir quant à tout type d'activités qu'il souhaite y réaliser. Mais comme cette abondance, cet assouvissement réel de tout désir, constitue un horizon qui recule à mesure qu'on s'en approche si l'on considère que le désir est comme le tonneau des Danaïdes, il nous faut encore examiner l'attrait pour l'illusion d'abondance. Et considérant que grâce aux nouvelles technologies, l'individu a en main des outils lui permettant de s'imaginer qu'il est au centre d'un monde qu'il met à son service, qu'il tend à ce titre même à avoir le sentiment que rien ne résiste à son désir, que l'abondance est effective, il apparaît qu'à bord, feront partie des équipements phares les interfaces audio et vidéo donnant accès à des mondes virtuels.

Au fond, il s'agit que l'individu puisse plonger dans des mondes illusoires, des réalités virtuelles immersives l'absorbant totalement (c'est l'inscription de l'individu dans un récit incarné dans une expérience multisensorielle), au sein desquelles il projette son moi dans un moi de substitution auquel rien ne résiste, menant ainsi une vie de toute-puissance, d'abondance, réalisant, selon les analyses du psychanalyste Yann Leroux, le « fantasme de régression intra-utérine ».[95] Dans cette

---

[95] Au cours de « la vie intra-utérine : l'embryon vit une vie de toute-puissance inconditionnelle ; il ne connaît pas la situation de manque et ne peut donc se représenter quelque chose d'extérieur à lui. (…) Les satisfactions apportées par l'immersion vidéo-ludique sont les mêmes que celles du fantasme de régression intra-utérine : le joueur ne se satisfait que de lui-même, la réalité est devenue *sa* réalité, c'est-à-dire que les limites de son moi se sont étendues jusqu'à

perspective, le véhicule dans son ensemble devient le support de cette expérience, que cela soit par la conception de son habitacle (et singulièrement des surfaces de projection visuelle : écrans, vitrages, parois), ou par l'intégration de la réalité des mouvements liés au déplacement du véhicule à l'expérience vécue dans l'univers virtuel immersif.

Du point de vue de la morphologie de l'objet de mobilité, si nous considérons le fantasme de régression, il apparaît qu'un véhicule de forme ovoïde conviendrait pleinement : l'œuf symbolise une enveloppe protectrice[96] au sein de laquelle l'individu peut s'imaginer, selon les termes du psychanalyste Michael Balint, « flotter, libre et sans entrave » dans un monde qui est tout entier un « espace amical », « souvenir de la vie intra-utérine »[97] ; un monde où il éprouve que rien ne résiste à son désir ; une enveloppe où il vit une vie de toute-puissance. Nous avons donc affaire à la morphologie monocorps, typique du « monospace » (cf. Citroën C4 Picasso I, Renault Scénic IV, Mercedes Vision Tokyo Concept). Plus largement, une carrosserie dessinée sur la thématique de la rondeur, sans aller jusqu'à une morphologie ovoïde, peut suffire à évoquer un tel espace amical protégé (cf. Citroën C5 Aircross, Fiat 500XL).

Et puisqu'il s'agit de vivre, au sein de l'enveloppe protectrice, le « fantasme de la régression intra-utérine », à l'abri de tout élément perturbateur possiblement venu de l'extérieur, deux voies semblent pouvoir être empruntées du point de vue de la conception des surfaces vitrées. D'une part, la voie d'un objet automobile doté de larges surfaces vitrées (à la manière du C4 Picasso) pour baigner dans l'environnement extérieur, dès lors que cet environnement est apaisé et peut alors être perçu comme une simple extension de soi ; objet automobile qui en revanche protège de l'extérieur dès lors que les sollicitations extérieures

---

englober tout l'univers du jeu ». Leroux, Y. (2012), *Métapsychologie de l'immersion dans les jeux vidéo*, in *Adolescence*, n°79, *Fantasmes et réalités du virtuel*, Editions Greupp, pp.107-118.

[96] Cf. Chevalier J., Gheerbrant A. (1969), *Dictionnaire des symboles*, Robert Laffont, Paris, 1969.

[97] Balint M. (1972), *Les voies de la régression*, Paris, Payot, 2000.

contrarient le sentiment de toute-puissance de l'individu (par des outils de réalité augmentée ou de réalité virtuelle, ou des stratégies de détournement de l'attention vers l'intérieur du véhicule, couplées à une opacification partielle ou totale des vitrages). D'autre part, la voie d'un objet automobile doté d'une surface vitrée réduisant le lien visuel avec l'extérieur et privilégiant par là définitivement l'inscription de l'individu dans l'enveloppe protectrice (à la manière du Mercedes Vision Tokyo Concept).

Si l'on considère que l'ovoïde, le courbe, et plus largement le continu est porteur de protection, c'est finalement ce thème du continu que nous devons serrer de plus près. Il peut se réaliser à travers certains traits stylistiques typiquement baroques : c'est l'idée d'un objet qui lisse les discontinuités, qui rend continu le discontinu.[98] Sur le plan de la forme extérieure de l'objet de mobilité, ce principe conforte la morphologie « monospace » qui estompe les délimitations entre les zones moteur, habitacle et coffre, c'est-à-dire rend continu sur le plan de l'expression, le discontinu sur le plan du contenu réel. A l'intérieur aussi, on peut gommer les discontinuités par la manière d'intégrer des éléments en un tout caractérisé par la cohésion, l'unité : par exemple, entre le plan de la planche de bord et le plan de la portière, par des courbures (à la manière du Renault Espace V) ; ou encore, en lissant la discontinuité entre l'avant, le côté et l'arrière d'un habitacle, par une banquette continue embrassant la quasi-totalité de celui-ci, et nous avons alors un espace décloisonné, unique, et même uniforme, au sein duquel chacun peut se sentir « flotter, libre et sans entrave » (cf. l'intérieur du Mercedes Vision Tokyo Concept).

L'objet qui incarne la fusion

Il s'agit ici que la petite collectivité à bord du véhicule se laisse emporter par un individu, provocateur de fusion. Par

[98] Wölfflin H. (1915), *Principes fondamentaux de l'histoire de l'art*, Paris, Parenthèses Editions, 2017.

l'intervention de ce médiateur, l'ensemble des individus à bord s'arrachent à leur volonté individuelle initiale, s'identifient à un projet commun, et sont finalement animés d'une volonté commune, d'une volonté une, énoncée par ledit médiateur (organe de la collectivité par cela qu'il en énonce la volonté). Le projet en question peut être celui d'une collectivité qui dépasse la petite collectivité à bord, quand le médiateur au sein de la collectivité à bord se fait le relais d'un médiateur extérieur : il peut, par exemple, relayer l'impulsion de l'entraîneur d'une équipe de football. Mais l'impulsion primordiale peut tout autant venir du médiateur intérieur à la collectivité à bord. Dans tous les cas, le provocateur de fusion ordonne les volontés à un projet commun.

Voici donc des individus qui, tous, vivent une expérience commune : tous éprouvent les mêmes sensations, les mêmes émotions, respirent d'un même souffle, s'inscrivent dans un même récit, visent le même objectif (par exemple : en suivant un match de football au cours duquel tous soutiennent une même équipe ; en regardant un même film porteur pour tous d'une identification à un héros franchissant de multiples obstacles ; en jouant tous ensemble à un jeu structuré autour de l'atteinte d'un objectif commun).

Que cela signifie-t-il du point de vue de la conception des véhicules ?

Il nous faut d'abord constater que nous n'avons pas identifié de profil client qui soit porteur d'une telle vision des choses autrement que temporairement. Sans doute cela tient-il à l'effort mental, la mise en tension que suppose la fusion, l'identification à un projet ou à une collectivité ; mise en tension qui par sa nature même semble ne pouvoir être que temporaire. Dans ces conditions, l'objet de mobilité qui incarne la fusion est doté de caractéristiques venant soutenir une fusion temporaire et qui, quand le moment de fusion est passé, doivent, sinon disparaître, du moins pouvoir être ignorées ou utilisées à d'autres fins, investies d'une autre légitimité.

Quelles sont ces caractéristiques ? Dans l'univers automobile, l'une des conditions de possibilité de la fusion, l'une des clés, semble résider dans la conception d'un objet automobile qui vienne soutenir temporairement l'identification de chacun à un projet commun, en mettant en valeur, en exaltant le vécu collectif : sensorialité commune, immersion commune dans une même expérience, un même récit, orientation des regards dans une même direction pour soutenir la projection de tous dans ce récit commun.

En particulier, il est possible de concevoir des éléments de l'habitacle aidant à guider les regards dans une direction commune à tous. Il peut s'agir simplement d'un écran central mis en valeur, par exemple par un effet de lévitation (cf. BMW i3), d'émergence (cf. Renault Espace V), ou simplement par sa taille conséquente (cf. Tesla Model 3). Il peut s'agir encore de la conception de la console centrale qui, partant de l'arrière du véhicule et cheminant de manière ascensionnelle jusqu'à la planche de bord, amène les regards vers son point d'achèvement, en hauteur, au centre de la planche de bord, où peut se situer par exemple l'écran central dont il était question (à l'image du cheminement ascensionnel de la console centrale flottante de la Volvo You Concept). Le point d'achèvement peut être le pare-brise même où la réalité augmentée ou virtuelle peut permettre de faire apparaître des points de focalisation communs. La conception même des sièges et des appuis-tête peut faciliter le lien visuel des passagers arrière avec l'avant du véhicule : on pense, par exemple, à des dossiers de siège dont l'ergonomie facilite l'accès visuel vers l'avant du véhicule par le centre (cf. sièges avant de la Renault Vel Satis, dont les épaules centrales sont abaissées ; ou encore sièges avant de la Mercedes Luxury in Motion Concept, aux épaules étroites, offrant ainsi une bonne visibilité vers l'avant).

Enfin, considérant que c'est aussi par l'immersion dans des réalités augmentées ou dans des mondes virtuels que l'expérience commune peut se réaliser, l'ensemble du véhicule (mouvements, habitacle, surfaces) peut devenir le support grâce auquel les passagers entrent dans une même expérience multisensorielle (somesthésique, visuelle, sonore, voire olfactive), un même récit, visent un même objectif.

Considérant le rapport à la technologie de délégation de conduite, il apparaît que ce véhicule se prête très naturellement à cette technologie. Quand l'acte de conduite est délégué au véhicule, toutes les personnes à bord peuvent, avec le même degré d'implication, s'identifier au projet commun : la fusion est d'autant plus parfaite que le conducteur disparaît. D'autre part, cette technologie permet de libérer l'organisation de l'espace intérieur pour faciliter l'orientation commune des regards : banquette en U au cœur d'un véhicule largement vitré comme le Renault EZ-GO ; sièges intérieurs formant salon (sièges avant retournés, faisant donc face aux sièges arrière, comme dans la Renault Symbioz ou la Mercedes Luxury in Motion Concept), le cas échéant autour d'une petite table centrale, possiblement tactile ou source d'hologrammes ; et ce pour un projet commun qui se déploierait notamment à l'intérieur du véhicule.

II- Le lien à autrui dans un service de mobilité autonome

Considérant les différentes manières de concevoir la cohésion au sein d'un système social, nous proposons ici d'en étudier les déclinaisons au sein des services de mobilité autonome.

Un service de mobilité autonome est un service de mobilité opéré avec des objets de mobilité autonomes, c'est-à-dire ne nécessitant pas la présence d'un chauffeur à bord pour réaliser le déplacement. Conséquence immédiate : dans un tel service, les individus embarqués ont tous le même statut, celui de passager : à cet égard, l'égalité règne.

Pour analyser les choses, nous proposons de partir d'une situation où, au sein du service de mobilité, l'individu se trouve entouré d'inconnus, s'agissant de la situation conduisant à une vision d'ensemble des interrogations possibles. Nous aborderons ensuite la situation où un individu s'entoure de personnes qu'il connaît, et ce cas n'apparaîtra finalement que comme une déclinaison simplifiée du cas initial.

II-1- Introduire une force régulatrice de substitution et tenter d'harmoniser les relations autour de valeurs

Nous l'avons vu lors de nos analyses initiales, il nous est apparu que tout système social apaisé semble appeler un principe d'organisation sociale. Cela est vrai de tout système subjectiviste où par définition l'individu se considère comme un tout, mais aussi de tout système où l'individu se considère comme une partie, car ce n'est qu'en puissance, que potentiellement, qu'il se considère comme partie, si bien que tant que ce potentiel n'est pas réalisé, dans les faits l'individu se considère comme un tout. Au fond, chacun étant fondé à présumer qu'il y a en tout homme une tendance spontanée (sinon naturelle) à assouvir un désir tout subjectif, dont rien ne laisse penser qu'il s'accorde immédiatement avec le désir, lui-même subjectif, d'autrui, chacun tend à souhaiter l'existence d'un principe d'organisation sociale pour prévenir, autant que possible, tout acte malveillant.

Considérant en outre la complexité d'une démarche d'apaisement des liens par harmonisation (des natures ou des désirs) ou par fusion des individus ; considérant encore le faible attrait relatif pour un apaisement par une force arbitrale tranchante ; au sein d'un service de mobilité, la priorité est d'abord à l'introduction d'une force régulatrice qui impose des limites aux velléités individuelles et permet l'instauration d'un système équilibré de gains et de renoncements réciproques : on est garanti contre la gêne provoquée par autrui, tout en supportant pour soi-même la règle qui s'applique à autrui, en étant par là soi-même contenu quant à la satisfaction de son désir. Bref, chacun peut agir à sa guise dans certaines limites, identiques pour tous : la liberté de l'un s'arrête là où commence celle de l'autre.

Toutefois, il est possible d'aller au-delà d'une simple régulation (qui risque de résonner en l'individu comme un ensemble d'interdits), en prenant appui sur des valeurs (que ce soit le respect, la serviabilité, la solidarité, l'écologie…), en cherchant par là à parler à l'intimité de l'individu et à faire ainsi qu'une adhésion auxdites valeurs émerge, et avec elle une harmonie à bord : c'est la perspective de la médiation (et non plus de la régulation).

II-2- De l'absence de lien à autrui au lien à autrui seulement possible

Et il faut bien reconnaître que, du point de vue du lien à autrui, la conception du service de mobilité pourrait fondamentalement s'en tenir à cette régulation voire à cet appel à des valeurs, dans les deux cas de figure suivants.

Le premier, quand le service de mobilité n'effectue que des trajets de courte durée : l'utilisateur s'y voit alors largement « en transit », considérant l'objet de mobilité plutôt comme un lieu par où il passe, que comme un lieu où il déploie un vécu spécifique, si bien qu'il reste plongé dans une activité transversale aux divers modes de transport qu'il utilise (par exemple, il écoute de la musique tout le long de son trajet, avant, pendant et après l'utilisation du service de mobilité). Ce sont largement la sécurité, l'efficacité et la praticité relatives à la prestation de mobilité qui sont alors les facteurs déterminant l'appréciation du trajet : c'est le déplacement qui compte, pas la vie à bord.

Le second, quand, sur un trajet de plus longue durée, l'utilisateur souhaite déployer à bord un vécu spécifique, mais dans un registre strictement individuel. Et ce sont alors, outre la sécurité, l'efficacité et la praticité relatives au déplacement, les prestations de confort et de praticité pour la réalisation du vécu individuel qui comptent.

Ce vécu individuel peut s'articuler autour de trois grandes thématiques. Premièrement, la recherche d'efficience dans l'accomplissement de tâches qui incombent à l'individu, manière de gagner en indépendance notamment (travail, mais aussi ressourcement pour revenir à la tâche plus efficacement, par exemple). Deuxièmement, dans une perspective hédoniste typiquement, la recherche de bien-être dans une bulle de confort où l'individu puisse certes se relaxer, mais aussi se divertir, par exemple en plongeant dans des mondes virtuels où il a le sentiment que rien ne résiste à son désir. Troisièmement, la recherche d'un épanouissement culturel individuel : il s'agit ici pour l'individu de se cultiver, d'une manière générale, mais par cela qu'il est passager d'un véhicule en déplacement, la découverte des territoires traversés apparaît comme un champ naturellement investi.

Cette perspective ne retire évidemment rien à la possibilité qu'émergent, ponctuellement, des moments d'échange entre individus à bord, à partir de déclencheurs d'interaction de toute nature. En particulier le territoire traversé apparaît comme une source naturelle de tels déclencheurs.

II-3- Trois voies de conception pour une expérience collective

Trois voies semblent pouvoir être investies pour le déploiement d'une expérience collective. Toutes s'appuient sur l'idée qu'une simple régulation des relations à bord (par l'introduction d'une force régulatrice de substitution) ne suffit pas à instituer le lien à autrui espéré : il va s'agir, à chaque fois, de soutenir un certain type de vécu relationnel.

Dans la perspective de la médiation, les passagers peuvent souhaiter bénéficier d'un déplacement à travers un territoire pour accroître collectivement leur compréhension du monde par l'intermédiaire d'un médiateur : c'est l'idée d'un enrichissement intellectuel. Et par le caractère collectif de la démarche culturelle, les passagers se sentent ici appartenir à une même communauté de valeurs : en quelque sorte, présents les uns aux autres à bord du véhicule, ils se témoignent réciproquement du fait qu'ils partagent les mêmes valeurs (celles de découverte, de connaissance, de contemplation).

Dans une perspective plus subjectiviste, par cela que la solution par la contrainte régulatrice est porteuse de dépendance à l'égard d'autrui, la simple introduction d'une telle force ne suffit pas à satisfaire pleinement des individus fondamentalement en quête d'indépendance. L'approche strictement négative (consistant à limiter autant que possible les conflits) doit être dépassée. Nous l'avons vu, deux voies sont possibles : d'une part, celle de l'égalité dans l'abondance (c'est la voie de la satisfaction complète des désirs) et d'autre part, celle de la fusion, notamment par identification à un projet (manière de se sentir indépendant en société, le temps de l'accomplissement du projet). Précisons cela.

Les passagers peuvent souhaiter vivre, au sein de la micro-société à bord, une expérience d'égalité dans l'abondance, et alors, du point de vue des relations à bord, il revient à une intelligence artificielle de déterminer et de proposer les activités communes pertinentes réalisant cette égalité dans l'abondance. Sous une forme élémentaire, mettant l'accent sur l'égalité, cela signifie simplement que l'intelligence artificielle détermine les activités communes qui, le temps où elles sont pratiquées, satisfont pleinement le désir de chacun, tout en réalisant l'égalité : écouter une même musique, chanter une même chanson, regarder un même film, par exemple. Sous une forme plus élaborée, mettant l'accent sur l'harmonie des désirs constitutive de l'abondance, il s'agit de faire que les désirs, détectés comme étant complémentaires, soient combinés et par là satisfaits, et ce à travers des activités pratiquées par des moyens réels ou virtuels : par exemple, jouer à un même jeu où les participants jouent les uns contre les autres ; proposer une activité au cours de laquelle les participants éprouvent, pour les uns le plaisir de se mettre en valeur, pour les autres le plaisir d'être spectateur ou bon public ; faire de l'objet de mobilité un lieu de rencontre (professionnelle, associative, amicale, amoureuse…), etc.

Les passagers peuvent souhaiter vivre une expérience fusionnelle à bord, par identification à un projet commun (que celui-ci soit à l'échelle de la micro-société à bord, ou qu'il la dépasse, s'agissant de l'objectif d'une collectivité plus vaste auquel la petite collectivité à bord s'identifie), identification par laquelle ils plongent ensemble dans un même récit, une même aventure, visant tous un objectif commun. Concrètement, cela renvoie à des services de mobilité de nature variée. *Premièrement*, à des services proposant des projets communs sur le registre ludique à l'échelle de la collectivité à bord du véhicule : par exemple, résolution d'énigmes successives par l'ensemble des personnes à bord pour atteindre un objectif, sur le modèle d'une chasse au trésor ; visionnage d'un film porteur d'une identification de tous aux péripéties du héros, à ses succès dans le franchissement des obstacles qu'il rencontre ; etc. *Deuxièmement*, à des services relayant à bord le projet commun d'une collectivité plus large (dans laquelle la collectivité à bord se sent inscrite), pour cultiver à bord l'identification à ce projet, le cas échéant en vivant à bord certains moments-clés de son déploiement, par exemple ses prémices et ses prolongements. Il peut s'agir, typiquement, de se rendre à un match de football entre supporters d'une même équipe (supporters s'identifiant tous au projet de victoire de ladite équipe), de revivre à bord les meilleurs moments du match sur le trajet de retour. *Troisièmement*, à des services éveillant plus exclusivement l'identification de chacun à une collectivité, qu'il s'agisse d'une communauté d'intérêts ou d'une communauté de valeurs, par exaltation de cette communauté, de ses réalisations, de ses symboles. Par exemple, une fête locale ou nationale exaltant une communauté locale ou nationale, ou encore le rassemblement de fans d'un chanteur éprouvant par leur rassemblement même le sentiment de leur existence en tant que communauté, activent une telle identification à la collectivité en question (en dehors de tout projet commun identifié).

*

*   *

En somme, dès lors que les trajets effectués ne sont plus de courte durée, mais de durée moyenne ou longue, nous obtenons quatre champs possiblement investis par les concepteurs d'un service de mobilité autonome : un vécu strictement individuel, une expérience de médiation invitant à la découverte collective des territoires traversés, une expérience d'égalité dans l'abondance, une expérience de fusion.

Tous s'appuient sur une idée transversale : il revient à la plate-forme de réservation d'avoir connaissance des préférences des utilisateurs du service de mobilité quant au vécu auquel ils aspirent à bord, de sorte qu'ils soient regroupés par affinité au sein d'un même véhicule.

II-4- Les objets de mobilité associés

Notons d'abord que, du point de vue du lien à autrui, il y a trois déterminations transversales à l'ensemble des objets de mobilité.

La première est que l'absence de chauffeur implique la nécessité de réaliser des adaptations réintroduisant une force régulatrice de substitution, selon de multiples voies, sinon nécessaires, du moins possibles. Cela va de la réintroduction d'un individu à bord qui endosse ce rôle de régulateur (sans pour autant être conducteur du véhicule, s'agissant d'un service de mobilité autonome), au simple affichage d'un règlement intérieur, par exemple. Ajoutons qu'il est possible d'aller au-delà d'un simple règlement intérieur (qui est au fond un ensemble d'interdits et d'éventuelles sanctions associées), par l'introduction d'une charte de valeurs, d'une charte du savoir être ensemble : par elle, il s'agit de tenter de dépasser la stricte régulation, la charte s'adressant plus à l'intimité de l'individu qu'à ses intérêts.

Ce souci d'introduire une force régulatrice détermine encore la conception de l'objet de mobilité qui en quelque sorte doit inscrire chaque utilisateur dans un programme d'action par lequel il empiète le moins possible sur la sphère du voisin, l'espace vital de chacun se trouvant ainsi, autant que possible, préservé. Par exemple, chacun doit bénéficier d'une assise clairement définie. Typiquement encore, la température à bord peut être préréglée, l'ouverture des fenêtres limitée. Telles des décisions arbitrales qui s'imposent à tous.

Enfin, l'agencement de l'habitacle doit être propice à l'émergence d'un vécu désirable à bord, notamment sur le plan relationnel. De manière incontournable, il s'agit d'acter la disparition du poste de conduite (c'est-à-dire de l'ensemble des éléments de commande et de contrôle dédiés au conducteur), sous peine d'avoir le sentiment d'être à bord d'un véhicule où le conducteur brille par son absence et de nourrir par là l'anxiété à bord, frein à l'émergence du susdit vécu désirable.

Venons-en à des déterminations plus spécifiques. Le vécu strictement individuel, lui, appelle un objet offrant praticité et confort, pour la réalisation d'activités individuelles (travailler, se ressourcer, se divertir, se cultiver…) : c'est l'idée qu'on doit pouvoir recréer immédiatement à bord son univers personnel. Il est possible d'aller jusqu'à un typage des objets de mobilité selon la nature des activités pratiquées : un véhicule exclusivement dédié au ressourcement, un véhicule espace de coworking, par exemple.

L'objet soutenant une expérience de médiation invitant à la découverte des territoires traversés reprend, quant à lui, certaines déterminations de l'objet du conducteur-médiateur (cf. *supra*). Pour soutenir cette découverte des territoires, en effet, l'objet de mobilité peut gagner à offrir de grandes surfaces vitrées, des écrans intérieurs informatifs, de la réalité augmentée sur vitrage, ou encore des assises surélevées pour mieux voir l'extérieur. Quant aux objets de mobilité porteurs respectivement d'égalité dans l'abondance et de fusion, c'est à une transposition à un service de mobilité autonome des objets décrits à la section précédente[99] qu'il faut procéder, en les considérant dans leur version sans chauffeur.

Enfin, rien n'interdit de penser qu'un même objet de mobilité puisse soutenir de multiples pratiques (plongée dans son univers personnel, découverte collective du territoire, égalité dans l'abondance, fusion) dès lors qu'il intègre la plasticité adéquate. Et même plus : cette plasticité semble nécessaire, si l'on considère que l'individu plongé dans son univers personnel peut apprécier des moments de vécu collectif (que ladite plasticité permettrait de magnifier), et qu'inversement, l'individu aspirant à un vécu collectif aspire aussi à des moments d'intimité : que l'on pense à l'expérience de fusion par la mise en tension qu'elle entraîne (et qui, à ce titre même, ne manque pas d'être

---

[99] Cf. *supra* : *B-I-2- Les objets automobiles qui incarnent l'égalité dans l'abondance et la fusion.*

temporaire) ; ou encore à la découverte collective du territoire qui, s'inscrivant dans la perspective de la médiation, constitue un aspect d'une aspiration plus large, vivre conformément à sa nature profonde, ce qui ne manque pas de contenir des moments de retrait du collectif.

*

*   *

Evoquons pour conclure le cas où un individu donné s'entoure, à bord d'un service de mobilité autonome, non plus d'inconnus, mais de personnes qu'il connaît. Alors la priorité n'est plus à la présence d'une force régulatrice des relations à bord, mais directement à l'émergence d'un vécu conforme aux attentes des passagers présents, que cela soit, eu égard aux catégories développées : un vécu strictement individuel pour des passagers qui cohabitent plus qu'ils n'interagissent ; une expérience de médiation ; une expérience d'égalité dans l'abondance ; une expérience fusionnelle.

III- Le rapport au contexte de conduite : du flux qui enferme au flux qui libère

A la lumière des analyses menées, nous nous interrogeons ici sur le rapport du conducteur au contexte de conduite, et singulièrement aux autres conducteurs, et sur la manière dont les technologies de délégation de l'acte de conduite font évoluer ce rapport.

Nous proposons de nous engager dans cette analyse en commençant par le cas où l'individu se considère comme un tout, s'agissant du cas permettant d'aborder la question de la manière la plus englobante. Relativement à cela, nous étudierons aisément, ensuite, le cas où l'individu se considère comme une partie.

III-1- Quand l'individu se pense comme un tout

Si l'on considère un individu qui se pense comme un tout, alors cet individu n'a notamment de cesse de vouloir être indépendant à l'égard d'autrui dès lors que ce dernier constitue un obstacle à la satisfaction de son désir : il s'agit pour lui de se sentir en société comme s'il vivait seul, d'être en d'autres termes au centre d'un monde qui tourne autour de lui.

Un contexte automobile jugé dégradé

Donnant la primauté à la satisfaction de son désir, l'automobiliste qui se pense comme un tout aspire à ce que la circulation automobile s'ordonne selon son désir, c'est-à-dire à ce que jamais sa trajectoire ne se trouve entravée par celle d'autrui : il revient à autrui de s'adapter à ce désir, à cette trajectoire. Idéalement donc, l'automobiliste avance et les autres font place. A tout le moins tend-il à adopter, dans certaines situations de conduite, certains comportements par lesquels il cherche à éprouver que le monde tourne autour de lui. Typiquement, il peut ne pas indiquer son changement de direction en ne mettant pas son clignotant : aux autres de s'effacer, de s'ordonner à ce désir.

Certain de la valeur de son désir, imprégné du sentiment de sa perfection, si finalement le chaos automobile s'installe, cet individu ne peut qu'en voir la source en autrui : « l'enfer, c'est les Autres », selon la fameuse formule sartrienne. Le conducteur ne se remet pas en question, c'est à ses yeux autrui qui ne sait pas conduire. C'est d'ailleurs ce que la sociologie met en lumière : « La route, écrit Hervé Marchal, est aujourd'hui une route d'individus (…) ; chaque individu veut vivre sa vie à sa guise (…) ; la circulation n'est pas assurée comme par magie par des règles collectives intériorisées et déclinées sur un mode pratique, non conscient » ; c'est sur cette base « qu'il faut comprendre l'exaspération de certains informateurs dénonçant toujours et encore le fait que « *les autres automobilistes font n'importe quoi* » ».[100]

Et quand les situations de congestion du trafic se multiplient (notamment en milieu urbain), cet effet se fait d'autant plus ressentir. Nous avons là deux composantes (la conduite perçue d'autrui et la congestion) de ce que l'individu considère comme constituant un contexte automobile dégradé.

La frustration intrinsèque à la solution par la régulation

Et les conséquences suivent. Pour limiter le chaos, on accepte la multiplication des règlementations pour ne pas pâtir, se dit-on, du comportement d'autrui[101], même si l'on cultive le désir que ces règlementations ne s'appliquent pas à soi-même, seulement à autrui, de manière que le désir individuel ne rencontre pas d'entrave.

Nous avons là le principe de l'émergence d'une force régulatrice, qui certes procure des bénéfices, mais conduit aussi à certains renoncements, nous l'avons vu. Dit autrement, ces règlementations paraissent indispensables, en même temps qu'elles contribuent à la consolidation du susdit contexte automobile jugé dégradé, par cela qu'elles mettent assurément l'indépendance en péril : on ne peut plus conduire en toute liberté.

Nous l'avons dit, aux yeux de l'individu auquel nous avons affaire, plutôt qu'une solution, nécessairement frustrante, par la réglementation, il vaut mieux une solution par l'harmonie des désirs, puisqu'elle signifie analytiquement que le désir individuel n'est jamais entravé, que l'individu est, en société (soit ici, au sein du trafic routier), aussi indépendant que s'il était seul. En l'occurrence, il va nous apparaître que la technologie est porteuse d'une solution de cette nature. Voyons en quoi.

---

[100] Marchal H. (2014), *Un sociologue au volant*, Paris, L'Harmattan, 2014, p.73-74.

[101] « Moins les individus partagent de règles de conduite spontanées, tacites, plus il est nécessaire d'assurer la circulation à partir de règles formelles, prescrites » (Marchal H. (2014), *Un sociologue au volant*, *op. cit.*, p.74).

La solution par la technologie : la poursuite du désenchantement dans un flux qui enferme

Dans ce contexte automobile jugé dégradé, outre le renforcement de la législation, on dote l'automobile et l'infrastructure routière de technologies contribuant, non seulement à prévenir les accidents, mais encore à fluidifier la circulation automobile.

Une bonne incarnation de cela réside dans la mise au point d'aides à la conduite de type Régulateur de vitesse adaptatif (RVA), couplé à un Assistant de maintien dans la voie (AMV), ce qui, sous la forme la plus aboutie (intégrant une communication entre véhicules – V2V et entre les véhicules et l'infrastructure – V2I), constituerait une prestation de conduite autonome sans changement de voie : désormais le contrôle longitudinal et le latéral sont pris en charge par la voiture (le conducteur restant tout de même impliqué physiquement (mains sur le volant) et mentalement dans l'acte de conduite, à moins qu'il ne s'agisse à proprement parler d'une prestation de conduite autonome).

Voici donc des technologies par lesquelles la conduite tend à se fluidifier, mais sous une forme où le mouvement de la voiture est entièrement réglé sur des éléments de contexte : vitesse réglementaire, vitesse des véhicules qui précèdent, nature de la courbe empruntée par le véhicule, densité du trafic… les conditions extérieures sont ici déterminantes. Un ordre des choses semble s'imposer à l'individu.[102]

Cette situation peut être jugée acceptable quand l'individu recherche primordialement un moment de relâchement physique et psychologique, voire en cas de conduite autonome (ici, sans changement de voie), la possibilité de se dégager totalement de l'acte de conduite pour faire tout autre chose. Situation

[102] Ces considérations renvoient à la Smart city ou Ville intelligente, solution holistique qui consiste, entre autres, en une optimisation par la technologie de l'ensemble des flux (notamment de déplacement : la Smart city inclut la Smart mobility), et qui, selon la manière dont elle est réalisée, pourrait être perçue comme un ordre des choses imposé auquel les individus se sentiraient étrangers : elle serait alors source d'aliénation.

possiblement jugée acceptable, plutôt qu'appréciable, car il reste toujours que l'individu, soucieux de son indépendance, ne peut manquer d'éprouver le sentiment de s'être enferré dans un flux, d'être inféodé à un ordre qui s'impose à lui. En l'occurrence, il se sent comme dans le wagon d'un train, sa voiture lui semble s'entêter à rester dans sa voie, surtout en situation de trafic dense où précisément l'intelligence consiste à faire preuve d'agilité en passant d'une voie à l'autre pour gagner du temps, c'est-à-dire précisément à s'extraire du flux.

On est donc loin d'un ré-enchantement de la conduite : on conforte plutôt un désenchantement automobile, sous une forme renouvelée. Ici encore, l'individu a le sentiment que son indépendance est en péril. Par conséquent, tant que les activités autres que la conduite priment, il accepte cet état de fait ; le reste du temps, il ne manque pas de reprendre la main pour effectuer des changements de voie : il s'extrait du flux.

La solution par la technologie : du flux qui enferme au flux qui libère

Les choses basculent quand les systèmes techniques prennent en charge le changement de voie. Et cela est vrai aussi bien d'un système de délégation de conduite, que d'un système d'aide à la conduite couplant notamment le RVA et l'AMV.

Considérons d'abord les systèmes d'aide à la conduite. Un basculement s'opère quand, typiquement, le RVA et l'AMV sont couplés à un système de dépassement et rabattement automatique par simple action sur le clignotant : c'est le cas du système *Drive Pilot* de la Mercedes Classe E. A l'utilisation d'un tel système (mains sur le volant entre lesquelles ce dernier glisse, regard sur la route), la complexité du contexte de conduite, les obstacles dont il est porteur, sont pris en charge par la technologie, et semblent ainsi disparaître. La conduite devient souple, fluide, l'utilisateur a le sentiment de flotter, d'être porté par le système : il se sent doté d'une force magique, par laquelle il s'insère sans résistance ni heurt dans un univers dont la complexité a été écartée, par laquelle le monde ne fait plus obstacle mais s'ordonne selon son désir, par laquelle il se sent participer à un flux qui ne s'impose pas à lui, mais s'ordonne autour de lui.

Et voici que le conducteur, initialement excédé par des conditions de conduite dégradées par rapport auxquelles il souhaitait se mettre en retrait, en vient finalement à « contempler le spectacle de la route », interprétant au fond le contexte de conduite dans lequel il se trouve comme un univers où de multiples flux s'entrecroisent sans jamais se heurter, en une sorte de ballet harmonieux. Nous avons ici l'émergence, en termes de conduite automobile, du sentiment d'une harmonie des désirs que nous évoquions antérieurement, une manière de réaliser, en termes de conduite, sinon l'indépendance en société, du moins le sentiment ou l'illusion de l'indépendance en société. Plus de contexte automobile dégradé, plus de mauvais conducteur : nous avons affaire à un ré-enchantement de la conduite automobile, transposée en termes symboliques et sensoriels, du côté du flottement, de l'allègement du corps, de la toute-puissance sur le monde, de l'harmonie des désirs.

Considérons maintenant la conduite autonome avec changement de voie. Ici, de lui-même le véhicule change de voie, c'est-à-dire qu'il apparaît comme un pôle de décision, une capacité de premier commencement, un pôle capable d'initiative, capable de poser un acte, par définition sans que ce dernier ait été déterminé par les conditions extérieures : il s'extrait d'un flux donné ; et cela, tout en anticipant les situations à venir, c'est-à-dire tout en préservant la fluidité de l'ensemble. Et l'on peut faire l'hypothèse que c'est ici encore vers l'imaginaire d'une harmonie de trajectoires indépendantes que nous tendons, vers une autre version automobile de l'harmonie des désirs, de l'imaginaire du flux qui s'ordonne autour de soi. Mais ici, par cela même qu'on est en délégation de conduite, on ne ré-enchante pas la conduite automobile, mais le déplacement automobile, l'inscription dans le contexte de conduite.

Notons en outre que l'effet libérateur augmenterait sans doute si l'utilisateur pouvait déterminer le mode de conduite du véhicule (dont la vitesse de roulage et la distance entre véhicules sont des constituants), c'est-à-dire typiquement sa plus ou moins grande vivacité dans le contexte automobile.

Quand la congestion perdure

Les systèmes d'automatisation de la conduite, et plus largement d'intelligence artificielle, peuvent évidemment ne pas suffire à fluidifier complètement le trafic.

En délégation de conduite avec changement de voie, chez un individu qui se met à contempler l'harmonie de trajectoires fluides et indépendantes, on peut faire l'hypothèse qu'il est possible de proposer une fluidification illusoire en cas de congestion réelle. Et ce par l'immersion dans un monde de réalité augmentée ou virtuelle qui module la perception de l'environnement extérieur par des projections sur les surfaces vitrées.

Pour ce faire, de multiples voies sont envisageables. De manière élémentaire, on pourrait chercher à donner l'illusion de circuler au sein d'un contexte automobile fluide, en jouant sur la perception visuelle, sonore et somesthésique. On pourrait encore chercher à susciter le sentiment d'une libération à l'égard du contexte par la perception d'un mouvement selon un axe vertical, de bas en haut, qui serait une libération à l'égard de la pesanteur pour finalement avoir le sentiment de circuler au-dessus du trafic routier, de respirer au-dessus de la mêlée : et l'on entamerait par exemple un voyage en montgolfière. Par des transitions, des effets de fondu, cette réalité virtuelle émergerait et disparaîtrait des surfaces vitrées, en fonction de la situation réelle de congestion.

Naturellement, si la congestion perdure au-delà d'une durée acceptable (eu égard notamment à la durée globale de trajet initialement escomptée), le sentiment de dépendance et la frustration corrélative semblent inévitables.

III-2- Quand l'individu se pense comme partie

Si l'on considère maintenant un individu qui ne se pense pas comme un tout, mais comme partie d'un tout, un individu qui conçoit sa perfection dans la participation à un ensemble au sein duquel les individus sont dans des relations de services réciproques, à un ensemble à ce titre harmonieux, alors deux choses apparaissent.

D'une part, l'harmonie des désirs que nous évoquions à l'instant (fondée sur des systèmes de délégation (partielle ou totale) de conduite, avec dépassement automatique), est, pour cet individu, convaincante dans la mesure où, parce qu'elle est une harmonie, elle peut être lue dans la perspective, non pas d'un flux qui s'ordonne autour d'un individu se considérant comme un tout, mais dans celle d'une harmonie naturelle, c'est-à-dire d'un flux qui est un tout au sein duquel l'individu s'inscrit en tant que partie, d'un flux dont les éléments constitutifs sont dans des relations de services réciproques.

D'autre part, les systèmes de délégation (partielle ou totale) de conduite, sans changement de voie (que l'individu qui se pense comme un tout voit comme une source d'enfermement, d'aliénation) peuvent être perçus, par un individu qui se pense comme partie, dans la mesure même où ces systèmes contribuent à la fluidification du trafic automobile, comme la source d'une harmonie d'ensemble où les parties constitutives sont dans des relations de services réciproques. En quelque sorte, la fluidité ou l'harmonie d'ensemble est ici la marque, le signe, la manifestation, au fond la conséquence manifeste, de trajectoires individuelles valables (c'est-à-dire au service de l'ensemble).

Il y a cependant deux conditions à cette lecture positive des systèmes de délégation sans changement de voie.

Premièrement, il s'agit que les individus se sentent engagés dans un système où tous collaborent, c'est-à-dire entrent dans des relations de services réciproques : on vivra mal toute intrusion illégitime d'un conducteur ne respectant pas l'harmonie d'ensemble, venant la remettre en question ; on pourrait alors vouloir soi-même gagner en agilité en s'extrayant du flux. C'est en particulier la cohabitation paisible de véhicules autonomes avec des véhicules à conduite manuelle qui est en question.

Deuxièmement, il s'agit de rendre tangible, visible (sur une IHM), le gain en termes de fluidification, d'harmonisation d'ensemble, découlant des décisions individuelles servicielles d'inscription dans le flux (via le système de délégation de conduite sans changement de voie).

D'une part, il s'agit de représenter le bénéfice global des comportements individuels participatifs, à savoir la fluidification du trafic. Par exemple, dans une perspective stoïcienne, qui sied bien à un individu qui se pense comme partie, l'ensemble harmonieux qui se constitue peu à peu par augmentation du nombre d'individus adoptant un comportement routier participatif, pourrait être représenté sur le thème du vivant : peu à peu, on passerait d'un ensemble chaotique et asphyxiant (découlant de choix individuels consistant à s'extraire du flux pour un bénéfice personnel), à un ensemble animé d'un souffle vivificateur ; symboliquement, le tout que constitue le trafic routier se mettrait peu à peu à respirer, ses fluides internes à circuler. Cette représentation de la fluidification pourrait être couplée à des paramètres tels que : pour un trajet donné, le gain en temps, la diminution de la consommation ou de la pollution, en fonction du taux de véhicules acceptant de contribuer à l'émergence de l'harmonisation d'ensemble.

D'autre part, il s'agit de représenter les contributions individuelles mêmes : le flux pourrait apparaître comme constitué d'éléments distincts et mobiles, et à ce second titre comme animés de l'intention de participer (par exemple à la manière de la foultitude de petites flèches représentant le flux de recharge de la batterie de la Renault Zoé). Enfin, l'entrée et la sortie du flux pourraient également être représentées avec des effets d'accélération ou de décélération des signes de vivification du flux.

*
* *

Nous voici au terme de notre réflexion sur le lien à autrui et sur la manière dont l'automobile peut l'incarner, que cela soit à travers la façon de concevoir les objets automobiles, les services de mobilité autonome ou la régulation du flux automobile par la technologie.

A la variété des principes, depuis l'individu qui se pense comme partie à l'individu qui, se pensant comme un tout, cherche à préserver autant que possible son indépendance par diverses voies (arbitrage, régulation, réplétion, fusion), fait écho la variété des objets automobiles et des manières de concevoir le lien à autrui à bord ou au sein du trafic routier.

C'est dire encore une fois, s'il en était besoin, que l'univers automobile offre des objets et des pratiques éminemment porteurs de symboliques variées : c'est une abondante source d'analogies, oserait-on dire en termes baudelairiens, « une forêt de symboles ».

BIBLIOGRAPHIE

Chapitre I - Les lois cachées du véhicule autonome : un idéal d'absence de médiation

Branger E. et Hammes S. (2006), *Elaboration et validation d'un questionnaire de mesure de l'acceptation des technologies de l'information et de la communication basé sur le modèle de la symbiose humain-technologie-organisation*, Université Paul Verlaine – Metz.

Gibson James J. (1977), *The Theory of Affordances*, Boston, Eds. Robert Shaw & John Bransford.

Hammes-Adelé S. (2011), *Traduction temporelle de la relation humain-technologie-organisation, Validation et perspectives autour de la symbiose*, Thèse de doctorat, Université Paul Verlaine, Metz.

Huxley A. (1932), *Le meilleur des mondes*, Paris, Plon, 1977.

Licklider Joseph C. R. (1960), *Man-Computer Symbiosis*, IRE Transactions on Human Factors in Electronics.

Marx K., Engels F. (1846), *L'Idéologie allemande*, Paris, Editions sociales, 1972.

Montaigne M. de (1580), *Essais*, Paris, Flammarion, 1969.

Orwell G. (1949), *1984*, Paris, Gallimard, 1972.

Platon (IVème s. av. J.-C.), *La République*, Paris, Flammarion, 1966.

Robespierre M. de (1794), *Sur les principes de morale politique qui doivent guider la Convention nationale dans l'administration intérieure de la République*, in *Discours et rapports à la Convention*, Paris, Union Générale d'Editions, 1965.

Rousseau J.-J. (1762), *Du Contrat social*, Paris, Gallimard, 1964.

Spinoza B. (1677), *Ethique*, Paris, Garnier-Flammarion, 1965.

Chapitre II - Une intelligence « artificielle » : visages conceptuels, visages concrets

Anders G. (2002), *L'Obsolescence de l'homme, Sur l'âme à l'époque de la deuxième révolution industrielle*, Paris, Editions de l'Encyclopédie des Nuisances.

Aristote (IVème s. av. J.-C.), *Métaphysique*, Paris, Vrin, 2004.

Aristote (IVème s. av. J.-C.), *Physique*, Paris, Vrin, 2012.

Aubenque P. (1963), *La prudence chez Aristote*, Paris, PUF, Quadrige, 1993.

Balint M. (1972), *Les voies de la régression*, Paris, Payot, 2000.

Baudelaire C. (1859), *Le Voyage*, v.45-48, *Les Fleurs du Mal*.

Besnier J.-M. (2010), *Demain les posthumains*, Paris, Arthème Fayard.

Boutrolle M. (2002), *Ocnophile ou philobate ?*, *Gestalt*, *De la régression*, 23.

Brooks R. A. (1991), *New approaches to robotics*. *Science*, 253.

Comte A. (1851), *Système de politique positive*, Osnabrück, Edition Otto Zeller, 1967.

Comte A. (1852), *Catéchisme positiviste*, Paris, Garnier, édition Pécaut, 1909.

Dennett D. C. (2012), *De beaux rêves, obstacles philosophiques à une science de la conscience*, Paris, Gallimard, 2008.

Descartes R. (1637), *Discours de la méthode*, Paris, Nathan, 1991.

Doncieux S. (2015), *Demain les robots rêveront*. *Dossier pour la science*, 87.

Dreyfus H. (1984), *Intelligence artificielle, mythes et limites*, Paris, Flammarion.

Ferry L. (2006), *Kant, une lecture des trois « Critiques »*, Paris, Grasset, 2014.

Ferry L. (2016), *La révolution transhumaniste*, Paris, Plon.

Ganascia J.-G. (2017), *Intelligence artificielle : vers une domination programmée ?*, Paris, Le Cavalier Bleu.

Ganascia J.-G. (2017), *Le mythe de la singularité, Faut-il craindre l'intelligence artificielle ?*, Paris, Seuil.

Gershenson C. (2004), *Cognitive paradigms: which one is the best?*, *Cognitive Systems Research*, 5.
Grundin J. (2009), *AI and HCI: Two fields divided by a common focus*, *AI Mag*, 30.
Hugo V. (1853), *Les Châtiments*, Livre IV, 9.
Huxley A. (1932), *Le meilleur des mondes*, Paris, Plon, 1977.
Laplanche J., Pontalis J.-B. (1967), *Vocabulaire de la psychanalyse*, Paris, PUF, 1997.
Leroux, Y. (2012), *Métapsychologie de l'immersion dans les jeux vidéo*, in *Adolescence*, n°79, Editions Greupp.
Lilly J. (1962), *L'homme et le dauphin*, Paris, Stock.
Marx K., Engels F. (1846), *L'Idéologie allemande*, Paris, Editions sociales, 1972.
Millet L. (1998), *Des ordinateurs intelligents ?*, Paris, Pierre Téqui éditeur.
Montaigne M. de (1580), *Essais*, Paris, Flammarion, 1969.
Mouret J.-B., Doncieux S., Bredèche N. (2015), *La robotique évolutionniste*. *Dossier pour la science*, 87.
Packard V. (1978), *L'Homme remodelé*, Paris, Calmann-Lévy.
Platon (IVème s. av. J.-C.), *La République*, Paris, Flammarion, 1966.
Rattier M. (2011), *Le Baroque par la lumière*, Mémoire de l'Ecole d'architecture de la ville, Marne-la-Vallée.
Rousseau J.-J. (1755), *Discours sur l'économie politique*, Paris, Gallimard, 1964.
Rousseau J.-J. (1762), *Du Contrat social*, Paris, Gallimard, 1964.
Saint-Exupéry A. de (1948), *Citadelle*, Paris, Gallimard, 2000.
Sartre J.-P. (1938), *La Nausée*, Paris, Gallimard, 2001.
Spinoza B. (1677), *Ethique*, Paris, Garnier-Flammarion, 1965.
Tisseron S. (2015), *Le jour où mon robot m'aimera*, Paris, Albin Michel.

Chapitre III - Le lien à autrui et ses déclinaisons en automobile

Aristote (IVème s. av. J.-C.), *La politique*, Paris, Vrin, 2005.

Balint M. (1972), *Les voies de la régression*, Paris, Payot, 2000.

Bodin J. (1583), *Les six livres de la République*, Paris, Librairie Générale Française, 1993.

Chevalier J., Gheerbrant A. (1969), *Dictionnaire des symboles*, Robert Laffont, Paris, 1969.

Descartes R. (1637), *Discours de la méthode*, Paris, Nathan, 1991.

Desrosiers-Bonin D., *Etudes rabelaisiennes*, Tome XXVII, *Rabelais et l'humanisme civil*, Chapitre 3, Genève, Droz, 1992.

Fourier C. (1822-1823), *Théorie de l'unité universelle*, Paris, Société pour la propagation et pour la réalisation de la théorie de Fourier, 1841.

Hobbes T. (1651), *Léviathan - Traité de la matière, de la forme et du pouvoir de la république ecclésiastique et civile*, Paris, Dalloz-Sirey, 1999.

Hugo V. (1853), *Les Châtiments*, Livre IV, 9.

Kant E. (1784), *Idée d'une histoire universelle au point de vue cosmopolitique*, trad. Jean-Michel Muglioni, Bordas, Paris, 1988.

Leroux, Y. (2012), *Métapsychologie de l'immersion dans les jeux vidéo*, in *Adolescence*, n°79, Editions Greupp.

Marchal H. (2014), *Un sociologue au volant*, Paris, L'Harmattan, 2014.

Montaigne M. de (1580), *Essais*, Paris, Flammarion, 1969.

Montesquieu (1748), *De l'esprit des lois*, Paris, Flammarion, 1979.

Pascal B. (1670), *Pensées*, Paris, Armand Colin, 1960.

Platon (IVème s. av. J.-C.), *La République*, Paris, Flammarion, 1966.

Platon (IVème s. av. J.-C.), *Les Lois*, Paris, Gallimard, 1997.

Rabelais F. (1534), *Gargantua*, chapitre LVII, *in* Largarde A., Michard L. (1969), *XVIème siècle*, Paris, Bordas, 1985.

Rousseau J.-J. (1762), *Du Contrat social*, Paris, Gallimard, 1964.
Rousseau J.-J. (1755), *Discours sur l'économie politique*, in *Du Contrat social*, Paris, Gallimard, 1964.
Smith A. (1776), *Recherches sur la nature et les causes de la richesse des nations*, Paris, Flammarion, 1999.
Tocqueville A. de (1835), *De la démocratie en Amérique*, Paris, Flammarion, 1981.
Wölfflin H. (1915), *Principes fondamentaux de l'histoire de l'art*, Paris, Parenthèses Editions, 2017.

TABLE DES MATIÈRES

PHILOSOPHIE

AUX ÉDITIONS L'HARMATTAN

Dernières parutions

DE L'UNIVERS ÉTERNEL À L'ÉTERNITÉ DE L'HOMME

Jean-Jack Micalef

Cet ouvrage retrace l'odyssée de l'univers et celle du devenir de l'Esprit incarné dans l'homme. L'auteur postule un univers éternel n'ayant jamais fait l'objet d'une création. Il s'oppose à la cosmologie du Big Bang qui s'inscrirait dans la tradition religieuse d'une genèse du monde. Un univers éternel permet de penser l'essence éternelle de l'homme dont la naissance ne serait plus exceptionnelle dans le cosmos. En effet, le sens général de l'évolution aurait une seule finalité : accoucher de l'Esprit pour que l'univers se comprenne lui-même à travers l'esprit de l'homme.

(Coll. Ouverture Philosophique, 230 p., 24,5 euros)

ISBN : 978-2-343-16813-5, EAN EBOOK : 9782140115073

AUGUSTE COMTE

La religion de l'Humanité : l'échec d'une transmission

Florian Uzan

Auguste Comte fut un grand philosophe, concepteur de la sociologie, du positivisme et de la théorie des trois états. On oublie cependant qu'il fut aussi à l'origine d'une religion personnelle, un culte des morts destiné à relier et rallier l'humanité tout entière. Mais que reste-t-il de son oeuvre ? Si son influence quasi mondiale n'est plus à démontrer, comment expliquer l'échec de sa religion ?

(Coll. Ouverture Philosophique, 288 p., 29 euros)

ISBN : 978-2-343-16499-1, EAN EBOOK : 9782140114533

DÉCONSTRUIRE L'IMPOSTURE IDENTITAIRE

Humanisme et éthique de la déconstruction

Hamdou Rabby Sy

Ce livre invite à ne jamais céder à la tentation du repli identitaire avec tous ses dérivés sectaires. Comme opium de toutes les sociétés, le repli identitaire est un péril mondial. Cette tentation inspire toutes les formes de haine, d'exclusion, d'intolérance. D'où l'urgence de renouer avec ce qui constitue l'identité humaine dans l'expression de sa dignité : penser. Et cela à partir de la déconstruction, pour porter un message d'espoir et d'avenir pour une humanité vivante et solidaire. Oser déconstruire est le seul impératif devant les périls de l'identitaire. Déconstruire, c'est nourrir la conviction et l'engagement pour l'impossible, condition de l'horizon de tous les possibles.

(Coll. Ouverture Philosophique, 236 p., 24 euros)

ISBN : 978-2-343-16825-8, EAN EBOOK : 9782140114915

MÉLANGES PHILOSOPHIQUES VOLUME 3

Christophe Yahot

Ce volume III se veut un creuset et un lieu de ralliement de recherches transdisciplinaires sur les problématiques contemporaines. En témoignent les débats sur les enjeux de la monarchie, de l'adaptation des médias au numérique, l'esthétique alimentaire. La vigueur scientifique des auteurs tient pour beaucoup à leurs capacités d'ouvrir des perspectives innovantes dans cette conjoncture de crises de la modernité. Les uns nous conduisent aux sources de la spiritualité pour le devenir de l'humain ; les autres nous invitent à explorer les pistes de la « philosophie éco-citoyenne » pour un développement durable.

(Coll. Harmattan Côte-d'Ivoire, 214 p., 22 euros)

ISBN : 978-2-343-16798-5, EAN EBOOK : 9782140114700

BOÎTES NOIRES ET GILETS JAUNES

Regards croisés sur la socialité à l'ère de l'anthropocène

Sous la direction de Jean-François Petit, Vincent Puig, Vincent Laquais

La période actuelle de l'anthropocène se caractérise par un bouleversement des équilibres systémiques. Cette situation nouvelle analysée par l'IRI et Ars Industrialis fait apparaître des questions nouvelles qui concernent, notamment, les réseaux sociaux, l'architecture du web, la gouvernementalité algorithmique, la contribution comme question politique, technologique et économique. Ces analyses croisent celles élaborées pendant trois ans au sein du groupe PHILOPRAT concernant l'identité collective dans une société d'individus, le statut des émotions et des peurs, l'enjeu des normes, le posthumanisme et le transhumanisme, le Buen Vivir et la capacitation, les Biens communs et les Commons.

(Coll. Ouverture Philosophique, 258 p., 26 euros)

ISBN : 978-2-343-16932-3, EAN EBOOK : 9782140114526

DARYUSH ASHOURI

Un intellectuel hétérodoxe iranien

Mohsen Mottaghi, Reza Rokoee
Préface de Farhad Khosrokhavar

Daryush Ashouri fait partie des intellectuels laïques qui s'appuient sur une tradition philosophique occidentale, pour éclairer quelques aspects des problèmes de la société iranienne. Ce livre se propose de mettre à la disposition des lecteurs francophones la traduction de quelques-uns de ses textes représentatifs des problématiques qui ont mobilisé les milieux intellectuels en Iran durant les cinquante dernières années. En regardant la trajectoire intellectuelle de Daryush Ashouri, on constate qu'il fait partie des quelques rares intellectuels iraniens qui ne se sont pas laissé influencer par les deux orthodoxies de leur époque que sont le marxisme et la religion musulmane.

(Coll. L'Iran en transition, 254 p., 25 euros)

ISBN : 978-2-343-16665-0, EAN EBOOK : 9782140112232

CROYANCE ET SOUMISSION

De la critique de la religion à la critique sociale

Réflexions à partir de Spinoza et Freud

Marie-Pierre Frondziak

Nous nous croyions sortis de la soumission. Pourtant, nous devons constater un retour en force de toutes les formes d'acceptation à des injonctions extérieures. Contre l'idée de servitude volontaire, l'auteur se propose, partant de Spinoza et de Freud, de comprendre ce qu'est l'essence même de la soumission et comment elle produit des croyances, dont les plus puissantes sont religieuses. Le progrès du savoir devait détruire les superstitions et donc l'asservissement. On propose ici l'inverse : c'est parce qu'ils sont d'abord soumis à leurs propres affects que les hommes croient en des superstitions. Seule la connaissance de cette mécanique affective peut laisser espérer une libération.

(Coll. Ouverture Philosophique, 212 p., 21,5 euros)

ISBN : 978-2-343-16365-9, EAN EBOOK : 9782140112379

À QUOI SERT LA CULTURE ?

Gilles Lévêque

La culture classique qui, pendant des siècles a nourri et élevé les esprits, était fondée sur une conception de l'homme désormais morte, notamment d'avoir subi les assauts de la science et du capitalisme. Elle n'est pourtant pas sans avoir laissé une héritière, à savoir la culture dite exigeante, celle qui est aujourd'hui diffusée dans les structures culturelles, mais dont on ne voit plus quelle fonction on pourrait lui assigner. Cette culture exigeante ne serait-elle au fond rien d'autre qu'un divertissement raffiné pour personnes distinguées ? Se réduirait-elle à n'être que l'expression identitaire, sans vérité ni universalité, d'un groupe social parmi tant d'autres ? Sa prétention à nous éclairer sur le monde et sur la vie ne serait-elle qu'une illusion ? Faudrait-il lui préférer la culture de masse, qui pour sa part échappe à l'accusation d'élitisme ? Autant de questions auxquelles cet ouvrage entend répondre.

(Coll. Pour Comprendre, 276 p., 28,5 euros)

ISBN : 978-2-343-16894-4, EAN EBOOK : 9782140114243

LA BIOÉTHIQUE AU XXIE SIÈCLE

Sous la direction de Abraham Rudnick. Traduit de l'anglais par Kouider Nizar. Préface de Bertrand Saint-Sernin

Cet ouvrage traite de questions aussi diverses que la fin de vie, la procréation médicalement assistée, la recherche sur les cellules souches, les nanotechnologies et la bioéthique spéculative. Comment prendre des décisions dans un contexte particulier de fin de vie où le traitement de maintien de vie prolonge la souffrance ? Comment élaborer une éthique des nanotechnologies ? Tels sont quelques-uns des enjeux éthiquement complexes que ce livre examine.

(Coll. Ouverture Philosophique, 288 p., 30 euros)

ISBN : 978-2-343-16924-8, EAN EBOOK : 9782140114281

VIVRE SUR TERRE

Comment dépasser le nihilisme contemporain

Julien Lebrun

En ce début de 21e siècle, malgré les catastrophes écologiques annoncées, aucun changement majeur n'a été mis en place. Nous semblons incapables de prendre en compte ce que les scientifiques ne cessent de nous répéter. Cette inertie ne s'explique pas par l'absence de solutions. Cette passivité repose en réalité sur notre conception du monde. Depuis l'avènement de la science moderne, nous percevons notre environnement comme un support inerte, taillable et corvéable à merci. Notre modèle social repose ainsi sur le déni d'une réalité pourtant évidente : nous n'existons pas sans environnement. Reprendre conscience de ce que nous sommes - comme du monde dans lequel nous vivons - constitue donc l'enjeu majeur de ce siècle. Il est temps de réapprendre à vivre sur terre.

(Coll. Questions contemporaines, 230 p., 23,5 euros)

ISBN : 978-2-343-16111-2, EAN EBOOK : 9782140112584

EDITH STEIN

De l'idéologie à la foi

Enoch Tompte-Tom

Avec Edith Stein, nous entrons dans une dimension où la quête de la foi n'est pas exclusivement du domaine de la philosophie ni de la théologie. Pour mieux comprendre Edith Stein, il n'est pas possible de parler de la foi en philosophie et en théologie en dehors de certains préalables. Ces préalables sont vus sous les approches de philosophes et théologiens afin de souligner la similitude entre la philosophie et la théologie par rapport à la quête de la foi. Le chemin de la croix poursuivi par Edith Stein est un chemin peu ordinaire. Malgré sa sympathie pour la philosophie de Thomas d'Aquin, elle prend position en ce qui concerne la philosophie chrétienne qui doit être envisagée comme une solution à un problème ontologique et épistémologique : celui de la Vérité et de la Foi.

(Coll. Ouverture Philosophique, 210 p., 19,5 euros)

ISBN : 978-2-343-16693-3, EAN EBOOK : 9782140112669

LA SUBSISTANCE

Pour une philosophie de la résurrection

Clotaire Bambi-Kimpoudi

Les questions de l'être, de la vérité, de la liberté, de la méthode et de la mort, qui rebondissent sous des colorations nouvelles, ne nécessitent-elles pas leur reconstruction en leur donnant un sens qui aborde les défis et dilemmes de notre temps ? N'exigent-elles pas de forger, à partir des nouveaux concepts fédérateurs, un système explicatif sur le sens de l'existence, au lieu de s'attarder à commenter et à critiquer les anciens systèmes de pensée ? Ce livre essaie de forger un système explicatif, le « subsistantialisme », qui assigne à la philosophie d'être une philosophie de la résurrection.

(Coll. Harmattan Congo-Brazzaville, 268 p., 27 euros)

ISBN : 978-2-343-16637-7, EAN EBOOK : 9782140112256

Structures éditoriales du groupe L'Harmattan

L'Harmattan Italie
Via degli Artisti, 15
10124 Torino
harmattan.italia@gmail.com

L'Harmattan Hongrie
Kossuth l. u. 14-16.
1053 Budapest
harmattan@harmattan.hu

L'Harmattan Sénégal
10 VDN en face Mermoz
BP 45034 Dakar-Fann
senharmattan@gmail.com

L'Harmattan Cameroun
TSINGA/FECAFOOT
BP 11486 Yaoundé
inkoukam@gmail.com

L'Harmattan Burkina Faso
Achille Somé – tengnule@hotmail.fr

L'Harmattan Guinée
Almamya, rue KA 028 OKB Agency
BP 3470 Conakry
harmattanguinee@yahoo.fr

L'Harmattan RDC
185, avenue Nyangwe
Commune de Lingwala – Kinshasa
matangilamusadila@yahoo.fr

L'Harmattan Congo
67, boulevard Denis-Sassou-N'Guesso
BP 2874 Brazzaville
harmattan.congo@yahoo.fr

L'Harmattan Mali
Sirakoro-Meguetana V31
Bamako
syllaka@yahoo.fr

L'Harmattan Togo
Djidjole – Lomé
Maison Amela
face EPP BATOME
ddamela@aol.com

L'Harmattan Côte d'Ivoire
Résidence Karl – Cité des Arts
Abidjan-Cocody
03 BP 1588 Abidjan
espace_harmattan.ci@hotmail.fr

L'Harmattan Algérie
22, rue Moulay-Mohamed
31000 Oran
info2@harmattan-algerie.com

L'Harmattan Maroc
5, rue Ferrane-Kouicha, Talaâ-Elkbira
Chrableyine, Fès-Médine
30000 Fès
harmattan.maroc@gmail.com

Nos librairies en France

Librairie internationale
16, rue des Écoles – 75005 Paris
librairie.internationale@harmattan.fr
01 40 46 79 11
www.librairieharmattan.com

Librairie l'Espace Harmattan
21 bis, rue des Écoles – 75005 Paris
librairie.espace@harmattan.fr
01 43 29 49 42

Lib. sciences humaines & histoire
21, rue des Écoles – 75005 Paris
librairie.sh@harmattan.fr
01 46 34 13 71
www.librairieharmattansh.com

Lib. Méditerranée & Moyen-Orient
7, rue des Carmes – 75005 Paris
librairie.mediterranee@harmattan.fr
01 43 29 71 15

Librairie Le Lucernaire
53, rue Notre-Dame-des-Champs – 75006 Paris
librairie@lucernaire.fr
01 42 22 67 13

www.ingramcontent.com/pod-product-compliance
Lightning Source LLC
LaVergne TN
LVHW021236061026
849535LV00008B/3084
* 9 7 8 2 3 4 3 1 7 3 0 7 8 *